宝宝营养食谱

主　　编　董国成

编 委 会　董国成　张美花　黄玉女　王迎娣

　　　　　王德朋　于亚翠　宦艳丽　董国营

　　　　　朱　岗　厉运宝　齐俊利　刘少华

　　　　　孔祥涛　刘彦红　刘红林　唐荣臻

　　　　　谷秀娟　刘国军　董国涛　朱喜博

　　　　　张海元　党正同　李彦荣　肖善亮

　　　　　魏洪勇　赵贵海　毛小斌　（排名不分先后）

菜例监制　肖善亮　毛小斌

协助拍摄　FS星月摄影基地

金 盾 出 版 社

内 容 提 要

这是一本专门介绍如何喂养孩子的食谱书。本书分为婴幼儿篇、儿童篇、少年篇,共计200例食谱,在每一篇开始的部分介绍了最基本的文字性知识,并在每道菜品中介绍了需要注意的问题及贴心小提示。本书内容丰富实用,力求做到结构简单明了,非常适合广大家庭阅读使用。

图书在版编目(CIP)数据

宝宝营养食谱/董国成主编. -- 北京 : 金盾出版社,2012. 7
ISBN 978-7-5082-7552-9

Ⅰ. ①宝… Ⅱ. ①董… Ⅲ. ①儿童—保健—食谱 Ⅳ. ①TS972.162

中国版本图书馆 CIP 数据核字(2012)第 083532 号

金盾出版社出版、总发行

北京太平路 5 号(地铁万寿路站往南)
邮政编码:100036 电话:68214039 83219215
传真:68276683 网址:www.jdcbs.cn
北京凌奇印刷有限责任公司印刷、装订
各地新华书店经销

开本:787×1092 1/16 印张:5 彩页:80 字数:45 千字
2012 年 7 月第 1 版第 1 次印刷
印数:1~8 000 册 定价:19.00 元

(凡购买金盾出版社的图书,如有缺页、
倒页、脱页者,本社发行部负责调换)

前言

饮食营养是宝宝成长的物质基础。为了帮助父母了解孩子的饮食及营养需求，让宝宝吃出营养、吃出健康，我们总结了权威专家提供的科学育儿经验，精心编撰了《宝宝营养食谱》一书。本书是根据宝宝不同生长发育阶段各自的特点，阐述孩子在不同生长发育阶段所需要的营养素种类，精心挑选了适合孩子各个阶段营养需要的营养食谱奉献给广大读者。

本书针对孩子成长的每一阶段所需的营养精心挑选了好吃、易做、家常、美味的主食、炒菜、凉拌、汤羹等共计200例，分为婴幼儿篇、儿童篇和少年篇三大部分，又在每一篇介绍了最基本的文字性知识等内容，并在每道菜品中介绍需要注意的问题及贴心小提示，包括多大年龄段适合吃什么菜也给予了更人性化的说明，让您的宝宝更加健康快乐地成长。本书内容丰富实用，力求做到结构简单明了。编者真诚地希望本书能成为您育儿道路上一个贴心的好帮手！

编　者

目　录 >>>

目　录 >>>

一、婴幼儿篇

　　婴幼儿是多大呢？一般1.5～6岁之间都是婴幼儿期，这个时期该吃些什么是至关重要的，能不能健康地成长，能不能营养均衡地搭配都是父母所关注的问题。那么，严格地讲，婴儿期1.5～3岁多的婴儿来说，所喂的食物有些质地坚硬的要加工成粒（或者末）进食，才能更好地吸收其中的营养和消化，因为有母乳，所以进食量不要过多，否则会影响婴儿的正常成长，并要根据婴儿的实际情况灵活掌握。那么到了幼儿期也就是我们常说的3岁以上～6岁以下的，小儿的消化功能正处于不断完善和增强阶段，活动量逐渐加大，尚需要足够的热量和各种营养物质的供给，而食物的种类和烹调方法又逐步过渡到接近成人饮食，故应选择营养丰富且易于消化的食物，以满足幼儿生长发育的需要。对于婴幼儿的食谱可以参照以下实例进行选择和搭配即可。

蛋黄小米粥

【用料】　当年小米100克，熟鸡蛋黄2个，青菜叶10克，清水适量。

【制作】

①将小米淘洗净，入煲锅内，小火至熟待用。

②将熟鸡蛋黄捣碎。青菜叶洗净，焯烫，切碎待用。

③将熟鸡蛋黄、青菜叶加入煲好的小米粥内，再续煲至浓稠盛出即可。

【制作关键】　小米煲制时，要偶尔搅动防止煳锅。

【贴心小提示】　青菜叶不要烫得过轻，尽量切得碎些。适合1～1.5岁幼儿食用。

肉泥大米粥

【用料】　上等大米75克，猪肉30克，清水适量。

【制作】

①将上等大米淘洗干净，用水稍微泡一下备用。

②将猪肉洗净，剁成泥待用。

③粥锅上火，倒入水烧开，放入淘洗好的大米，小火熬至成熟，然后放入猪肉泥续熬浓稠盛出即可。

【制作关键】　大米放入粥锅开起后，要改用小火慢慢熬制；猪肉要将筋剔除干净。

【贴心小提示】　给宝宝喂食时，不易过量，否则会引起消化不良等症状。适合1.5～2岁幼儿食用。

蛋花双米粥

【用料】　大米35克，当年小米25克，鸡蛋1个，清水适量。

【制作】

①将大米、小米淘洗干净备用。

②粥锅上火，倒入清水烧开，下入大米、小米再烧开，改用小火慢慢熬至浓稠待用。

③将鸡蛋打入碗内搅匀，淋入粥锅内至熟盛出即可。

【制作关键】　小米较容易煳锅所以熬制时注意搅动；鸡蛋更要充分搅匀。

【贴心小提示】　熬制好的粥要用小勺搅动使其降温，防止结块。适合2～3岁幼儿食用。

菜汁营养粥

【用料】　新鲜小米40克，西兰花50克，水适量。

【制作】

①将新鲜小米淘洗干净，稍泡一会儿备用。

②西兰花洗净，放入开水内稍烫，捞起晾一会儿，然后用细纱布将菜汁挤出备用。

③粥锅上火，倒入少许水烧开。放入小米开锅10分钟，倒入菜汁续熬至熟盛出即可。

【制作关键】　小米要等水开起后下入，这样不容易煳锅；西兰花要烫透。

【贴心小提示】　倒入菜汁后要改用小火熬，这样小米才能充分吸收菜汁的营养，宝宝食用后才会吸收得更好。适合1.5～2.5岁幼儿食用。

胡萝卜粥

【用料】　新鲜大米40克，胡萝卜25克，清水适量。

【制作】

①将新鲜大米淘洗净。胡萝卜洗净，去皮，切成末备用。

②粥锅上火，倒入清水烧开。放入淘好的大米小火熬20分钟。

③将切好的胡萝卜末放入大米内续熬至浓稠盛出即可。

【制作关键】　胡萝卜要选新鲜的，必须先洗干净再切成末这样才会更有营养。

【贴心小提示】　熬制大米时水要尽量一次加足；胡萝卜末放入不要用大火熬。适合2岁左右幼儿食用。

红薯大米粥

【用料】 大米50克，红薯35克，清水适量。

【制作】

①将大米淘洗干净。红薯去皮，洗净，切成小粒备用。

②粥锅上火，倒入清水，放入大米熬制10分钟。

③将切好的红薯粒放入大米内，小火熬至黏稠盛出即可。

【制作关键】 大米淘洗的次数不宜过多，不然大米会变的淡而无味。

【贴心小提示】 红薯要充分熬至黏稠，这样才能便于宝宝吸收。适合2岁以上幼儿食用。

蛋黄甜味粥

【用料】 当年小米50克，熟鸡蛋黄1个，胡萝卜、西兰花各10克，白糖6克，清水适量。

【制作】

①将当年小米淘洗干净。西兰花、胡萝卜洗净，切碎备用。

②粥锅上火，倒入清水烧开，放入淘好的小米慢火熬制。

③将熟鸡蛋黄用刀碾碎，放入小米内，调入白糖熬至浓稠，放入胡萝卜、西兰花至熟，盛出即可。

【制作关键】 小米容易沸出锅外，所以在熬时要特别注意安全。

【贴心小提示】 熟鸡蛋黄和白糖放入后要慢慢搅动熬至浓稠。适合1.5～2岁幼儿食用。

皮蛋菜末粥

【用料】 大米、小米各20克，皮蛋1/3个，青菜叶10克，清水适量。

【制作】

①将大米、小米淘洗净。皮蛋去皮，洗净，切成粒备用。

②青菜叶洗净，切成碎末待用。

③粥锅上火，倒入清水，下入大米、小米熬至九成熟时，陆续放入皮蛋、菜叶续熬至熟盛出即可。

【制作关键】 皮蛋切的块不能过大，要用小火慢熬才行。

【贴心小提示】 皮蛋含铅较多，所以幼儿不易食用过多，更不易经常食用。适合2岁以上幼儿食用。

肉泥鲜味面

【用料】 幼儿面25克，鲜猪肉15克，嫩菜叶12克，花生油5克，酱油2克，香油1克，清水适量。

【制作】

①幼儿面取出放在盘内备用。

②将鲜猪肉洗净，去除筋，剁成泥。嫩菜叶洗净待用。

③净锅上火，倒入花生油，放入肉泥煸炒，调入酱油，倒入适量水烧开；放入幼儿面煮熟，放入嫩菜叶，调入香油，盛出即可。

【制作关键】 幼儿面不要煮得过大；猪肉的筋一定去除干净。

【贴心小提示】 煮面时一定要用小火慢煮，要有足够的汤汁。适合2.5～3岁幼儿食用。

鸡蛋婴儿面

【用料】 鲜面20克，鸡蛋1个，香油2克，清水适量。

【制作】

①将鲜面切成段备用。

②鸡蛋打入碗内搅匀待用。

③净锅上火，倒入水烧开，放入鲜面煮熟，淋入鸡蛋液至熟，盛入碗内，滴入香油即可。

【制作关键】 鲜面较长所以要先切成段，再进行煮制。

【贴心小提示】 鲜面煮的时间要稍微长些，这样宝宝才能更好地消化。适合2岁以上幼儿食用。

香味鸡蛋糕

【用料】 鸡蛋1个，花生油3克，香油1克，清水适量。

【制作】

①将鸡蛋打入碗内，调入花生油搅匀备用。

②再将鸡蛋液内倒入少许水续搅一下，滴入香油待用。

③蒸锅倒入水烧开，放入鸡蛋液；小火蒸熟即可。

【制作关键】 鸡蛋液内的花生油不要过多，不然很油腻，宝宝不愿意食用。

【贴心小提示】 蒸鸡蛋糕时不要过火，否则会很老，不宜宝宝食用。适合1.5岁幼儿食用。

三色豆腐泥

【用料】 嫩豆腐35克，熟鸡蛋黄2个，胡萝卜25克，精盐2克，香油1克。

【制作】

①将嫩豆腐洗净，蒸熟碾成泥备用。

②胡萝卜洗净，去皮，蒸熟，与熟鸡蛋黄均碾碎待用。

③将嫩豆腐、熟鸡蛋黄、胡萝卜倒入盛器内，调入精盐、香油，搅拌均匀，盛入盘内即可。

【制作关键】 嫩豆腐必须先蒸一下，这样菜肴才会更美味，宝宝更能大开胃口。

【贴心小提示】 胡萝卜不要用水煮，一定要蒸熟，更要趁热拌匀。适合1～2岁以上幼儿食用。

素酿鸽蛋

【用料】 鸽蛋10个，豆腐20克，精盐1克，菜叶少许。

【制作】

①将鸽蛋洗净，煮熟，去皮，稍凉。菜叶洗净，切成末备用。

②豆腐洗净，碾成泥，调入精盐拌匀待用。

③将鸽蛋切开，挖出蛋黄碾碎，与豆腐拌匀，均匀地塞到鸽蛋清内，撒入菜叶，再放在蒸锅内蒸5分钟即可。

【制作关键】 豆腐要选稍微嫩一点的，成菜后豆腐味才会更浓。

【贴心小提示】 鸽蛋因已经成熟，不易蒸得过火。适合2.5岁以上幼儿食用。

肉泥蒸柿子椒

【用料】 柿子椒1个，嫩猪肉35克，酱油3克，花生油2克。

【制作】

①将柿子椒洗净，切开，去子备用。

②将嫩猪肉洗净，剁成泥，调入酱油、花生油调拌均匀待用。

③蒸锅上火，将调好的肉泥均匀地酿在柿子椒内，蒸熟取出即可。

【制作关键】 柿子椒不要选用过大的，不然味道不是很好。

【贴心小提示】 嫩猪肉一定要剁成细泥，蒸熟后才会更美味。适合3岁以上幼儿食用。

西红柿甜味汤

【用料】 西红柿半个，白糖2克。

【制作】

①将西红柿洗净备用。

②锅内水烧开，放入西红柿烫至外皮起皱，剥去外皮，切成小丁待用。

③锅内倒入少许水，放入西红柿煮至黏稠，调入白糖搅匀，盛出即可。

【制作关键】 西红柿要将外皮充分去除，不然宝宝难以下咽，更不易消化。

【贴心小提示】 煮西红柿时要用小火慢慢煮制。适合1.5岁幼儿食用。

鲜奶米面汤

【用料】 面粉25克，大米20克，鲜奶15克。

【制作】

①将面粉用少许水调匀。大米淘洗干净备用。

②鲜奶倒入碗内待用。

③粥锅上火，倒入适量水，下入大米熬至成熟，浇入鲜奶，然后再倒入调好的面粉至熟，盛出即可。

【制作关键】 面粉容易煳锅，所以要特别注意。

【贴心小提示】 面粉调制时不要有小疙瘩，不然影响宝宝的食用。适合2岁以上幼儿食用。

麦片鲜奶汤

【用料】 麦片20克，鲜奶40克，白糖3克。

【制作】

①将麦片倒入碗内备用。

②鲜奶内放入白糖搅匀待用。

③锅内倒入少许水烧开，放入麦片再开，倒入鲜奶续开锅，盛出即可。

【制作关键】 清水不要加得过多，不然宝宝不愿食用。

【贴心小提示】 倒入鲜奶后要不停地搅动防止煳锅。适合2岁以上幼儿食用。

牛肉泥面片汤

【用料】 鲜面片30克，嫩牛肉15克，青菜叶少许，精盐2克，花生油3克，香油1克。

【制作】

①将鲜面片倒入盖帘上。嫩牛肉洗净，剁成泥备用。

②青菜叶洗净，切成细丝待用。

③净锅上火，倒入花生油烧热，放入嫩牛肉煸炒至变色，倒入适量水烧开，放入鲜面片煮熟，撒入青菜丝，调入精盐，滴入香油，盛出即可。

【制作关键】 牛肉一定要选用嫩且没有筋的给宝宝食用。

【贴心小提示】 牛肉要充分煸炒至完全变色，不然成熟后会有腥味，影响宝宝的食欲。适合3岁以上幼儿食用。

鸡肉末茄子泥

【用料】 嫩茄子1根，鸡胸肉35克，精盐1克，酱油2克，花生油4克。

【制作】

①将嫩茄子洗净，去皮，切成细丝备用。

②鸡胸肉洗净，切成末待用。

③净锅上火，倒入花生油烧热，放入鸡胸肉煸炒一下，调入酱油，下入茄子丝小火炒1分钟，放入精盐，慢慢续炒成泥，盛出即可。

【制作关键】 茄子要选用嫩的、细的，成菜后口味才会更好。

【贴心小提示】 茄子要用慢火煸炒至成泥，不要加水营养才会更丰富。适合2岁以上幼儿食用。

茭瓜泥糊糊

【用料】 茭瓜50克，胡萝卜10克，精盐2克，花生油3克。

【制作】

①将茭瓜洗净，切成末备用。

②胡萝卜洗净，去皮，切成末待用。

③净锅上火，倒入花生油烧热，放入茭瓜、胡萝卜炒一下，倒入少许水，调入精盐至糊，盛出即可。

【制作关键】 茭瓜要选非常嫩的，炒时不要加水过多。

【贴心小提示】 要用小火慢慢煸炒，不宜大火，防止煳锅，影响宝宝食用。适合1.5～3岁幼儿食用。

冬瓜蛋黄泥

【用料】 冬瓜50克，熟鸡蛋黄2个，精盐2克，香油1克。

【制作】

①将冬瓜去皮、子，洗净，蒸熟备用。

②熟鸡蛋黄碾成泥待用。

③将冬瓜、熟鸡蛋黄放在盛器内，调入精盐、香油拌匀，盛入盘内即可。

【制作关键】 冬瓜不要选用过大过老的。

【贴心小提示】 拌制时要趁热，不然会用腥味。适合2岁以上幼儿食用。

牛肉泥蒸山鸡蛋

【用料】 山鸡蛋1个，嫩牛肉20克，酱油1克，香油2克。

【制作】

①将山鸡蛋打入碗内，放入少许水搅匀备用。

②嫩牛肉洗净，剁成泥，调入酱油、香油拌匀待用。

③蛋液内放入牛肉泥，放入蒸锅蒸12分钟，取出即可。

【制作关键】 牛肉一定要选用嫩的没有筋的制作。

【贴心小提示】 蒸制的时间不要过久，不然会变得很老。适合2.5～3岁以上幼儿食用。

肉泥面粒汤

【用料】 面粉 25 克，嫩牛肉 20 克，精盐 2 克，青菜叶 5 克，花生油 6 克。

【制作】
①将面粉用清水搓成小粒备用。
②嫩牛肉洗净，剁成泥。青菜叶洗净，切成末待用。
③净锅上火，倒入花生油烧热，下入牛肉泥煸炒至散开，倒入清水，调入精盐烧开，下入面粒至熟，撒入青菜末，滴入香油，盛出即可。

【制作关键】 面粉搓的粒不要过大，防止影响宝宝食用。

【贴心小提示】 牛肉泥要用小火慢炒，不然会很老。适合 3 岁以上幼儿食用。

雪花玉米末

【用料】 玉米粒 35 克，鸡蛋清 1 个，白糖 2 克。

【制作】
①将玉米粒煮熟，切成末备用。
②鸡蛋清打入碗内搅匀待用。
③净锅上火，倒入水烧开，放入玉米末，调入白糖开锅 2 分钟，淋入鸡蛋清打散至熟，盛入碗内即可。

【制作关键】 玉米粒最好选有黏性的，宝宝更会胃口大开。

【贴心小提示】 玉米粒要先煮熟，下入锅内要再熬一会儿才会更美味。适合 2 岁以上幼儿食用。

鲜虾青菜泥

【用料】 鲜虾 50 克，青菜 20 克，淡味酱油 2 克。

【制作】
①将鲜虾洗净，取肉备用。
②青菜洗净，砸成泥待用。
③将鲜虾用刀拍成泥与青菜混合，调入淡味酱油拌匀，放在蒸锅内蒸熟即可。

【制作关键】 鲜虾要生的取肉，要彻底清洗干净。

【贴心小提示】 可以用虾仁代替，但无论用什么都要选新鲜的，防止幼儿食用引起消化不良。适合 3 岁以上幼儿食用。

海带肉泥汤

【用料】 海带25克，嫩肉20克，酱油3克，香油2克，花生油5克。

【制作】

①将海带洗净，切成细丝备用。

②嫩肉洗净，剁成泥待用。

③净锅上火，倒入花生油烧热，放入嫩肉煸炒，调入酱油，倒入海带稍炒，倒入水至熟，滴入香油，盛出即可。

【制作关键】 海带要选肉质较薄的烹制。

【贴心小提示】 制作这道汤时，水不要加的过多。适合3岁以上幼儿食用。

鲜鱼汤

【用料】 小鲜鱼1条，精盐5克，青菜叶4克，香油2克。

【制作】

①将小鲜鱼宰杀干净，切成块备用。

②青菜叶洗净，切成丝待用。

③汤锅上火，倒入水烧开，放入小鲜鱼煲制10分钟，调入精盐再煲5分钟，撒入青菜叶，滴入香油，盛出即可。

【制作关键】 小鲜鱼要用慢火煲至成熟。

【贴心小提示】 鱼一定要选新鲜的，汤色要煲至白色，食用时要注意鱼刺。适合3岁以上幼儿食用。

鲫鱼豆泥汤

【用料】 小鲫鱼1条，嫩豆腐30克，精盐3克。

【制作】

①将小鲫鱼宰杀干净备用。

②嫩豆腐洗净，碾成泥待用。

③汤锅上火，倒入水烧开，放入小鲫鱼，调入精盐至熟，捞起小鲫鱼，放入豆腐泥开锅，盛出即可。

【制作关键】 小鲫鱼要将内脏处理干净，不然会有异味。

【贴心小提示】 鲫鱼汤煲制好后，捞出鲫鱼最好过滤一下鱼刺，防止宝宝刺伤。适合2.5岁以上幼儿食用。

鱼汤芹菜汁

【用料】 鱼肉 25 克, 芹菜 30 克, 精盐 2 克。
【制作】
①将鱼肉洗净, 切成块备用。
②芹菜择洗净, 榨汁, 将汁过滤出来放在碗内待用。
③汤锅上火倒入水, 放入鱼肉至汤色发白, 捞起鱼肉, 放入芹菜汁至熟, 调入精盐搅匀, 盛入碗内即可。
【制作关键】 鱼汤要用小火慢慢煲制成奶白色。
【贴心小提示】 芹菜要用嫩的取汁, 这样才能引起宝宝的食欲。适合 1.5 岁以上幼儿食用。

内酯豆腐鱼汤

【用料】 活鱼肉 35 克, 内酯豆腐 20 克, 精盐 2 克, 香油 1 克。
【制作】
①将活鱼杀洗干净, 切成小块备用。
②内酯豆腐切成小块待用。
③汤锅上火, 倒入水烧开, 放入鱼肉、内酯豆腐, 调入精盐至熟, 滴入香油, 盛入碗内即可。
【制作关键】 鱼肉不要切得过大, 尽量小点不但成熟快, 而且味道更好。
【贴心小提示】 给宝宝食用时一定要注意鱼刺, 不要凉透食用否则腥味较大, 影响宝宝食欲。适合 3 岁以上幼儿食用。

二、儿童篇

儿童期，6岁以上12岁以下称之为儿童期。在这个时期因为儿童正处在成长的活跃期，室外活动、脑力活动也多了，比如说学习，参加一些有难度的游戏或者算术题等等，成长的较快，食物就要不断添加，更要吃一些健脑、促进发育、提高免疫力的食物，来更好的供给成长的需要，但对于消化较慢的食物要控制量，进行合理的搭配，才能更好地使儿童期有个很好的过渡，都是环环相扣的，紧密相连的，更不能食用的零食过多，使儿童养成厌食、挑食等不好的习惯，只有好好的进食才能更好地成长，可以选一些新鲜的水果、蔬菜搭配，能让儿童养成良好的饮食习惯，对儿童喜欢吃的东西也不要天天食用，最后产生厌倦感，可以参照以下菜例食谱，每周进行荤素、主食合理搭配，才能使儿童茁壮的成长。

山鸡蛋葱花炒白米饭

【用料】 上等大米100克，山鸡蛋1个，绿葱10克，花生油6克，精盐3克。

【制作】
①将上等大米淘洗净，用电饭锅焖熟备用。
②绿葱去皮，洗净，切碎待用。
③净锅上火，倒入花生油烧热，放入葱碎，打入山鸡蛋烹炒，倒入蒸好的米饭，调入精盐炒匀，盛出即可。

【制作关键】 葱碎要爆炒出香味，米饭才会更好吃。

【贴心小提示】 大米数量较少时蒸米饭不易控制，所以可以稍微多蒸一点儿。适合6岁以上儿童食用。

西红柿鹌鹑蛋拌米饭

【用料】 大米100克，西红柿1/3个，鹌鹑蛋6个，精盐4克，花生油5克，香菜2克。

【制作】
①将大米淘洗净，蒸熟备用。
②西红柿洗净，切成丁。鹌鹑蛋洗净，煮熟，切成四瓣待用。
③净锅上火，倒入花生油烧热，下入西红柿煸炒，调入精盐，再下入鹌鹑蛋炒匀，盛出与米饭拌匀，撒入香菜即可。

【制作关键】 西红柿要煸炒至成熟后，再下入鹌鹑蛋。

【贴心小提示】 西红柿要选成熟的。适合6岁以上儿童食用。

蛋液裹炸馒头片

【用料】 馒头1个，鸡蛋1个，精盐2克，花生油35克。

【制作】

①将馒头切成薄片备用。

②鸡蛋打入碗内，调入精盐搅匀待用。

③净锅上火，倒入花生油烧热，将馒头片放入鸡蛋液内裹匀，下入油锅内炸熟，盛入盘内即可。

【制作关键】 炸馒头片时油温不要过高，防止炸煳。

【贴心小提示】 馒头片不要切得过厚，炸透即可。适合6～8岁以上儿童食用。

牛肉粒炒鲜面

【用料】 鲜面35克，嫩牛肉20克，青菜15克，酱油3克，花生油5克，葱花4克。

【制作】

①将嫩牛肉洗净，切成粒。青菜洗净，切成段备用。

②锅上火倒入水烧开，下入鲜面煮熟，捞起用凉白开水投凉控水待用。

③净锅上火，倒入花生油烧热，葱花炝香，下入嫩牛肉煸炒，调入酱油，下入鲜面、青菜炒匀，盛出即可。

【制作关键】 鲜面不要煮得过大，不然口感不是很好。

【贴心小提示】 煮好的鲜面必须用凉白开水投凉，不要用自来水，否则会引起儿童腹泻等。适合7岁以上儿童食用。

肉丝紫菜荷包蛋面

【用料】 儿童面50克，猪肉20克，鸡蛋1个，紫菜3克，花生油6克，精盐4克，葱花2克，香油1克。

【制作】

①将猪肉洗净，切成丝。紫菜用温水浸泡备用。

②锅上火倒入水烧开，下入儿童面煮熟，捞起盛在碗内待用。

③净锅上火，倒入花生油烧热，葱花爆香，下入猪肉丝炒熟，倒入适量水，打入鸡蛋定形成荷包蛋，放入紫菜，调入精盐，浇在煮好的面上即可。

【制作关键】 面要用小火慢慢煮至成熟，水不要过少。

【贴心小提示】 打荷包蛋时，水要似开非开，不能用大火，防止鸡蛋散开。适合8岁以上儿童食用。

西红柿牛肉面

【用料】 鲜面条40克，牛肉20克，酱油5克，花生油4克，葱花2克，菜叶5克，西红柿半个。

【制作】

①将牛肉洗净，放在加有酱油的锅内煮熟，切成片备用。

②西红柿洗净，切成片。菜叶洗净，切成丝待用。

③净锅上火，倒入花生油烧热，葱花炝香，下入西红柿稍炒，倒入水烧开，放入鲜面条煮至快熟时，放入牛肉、青菜至熟，盛入碗内即可。

【制作关键】 西红柿不要炒得过大，稍稍炒一下即可。

【贴心小提示】 面条要控制好火候，不能煮得过大，不然就没有筋性了。适合7岁以上儿童食用。

青菜打卤面

【用料】 鲜面35克，青菜20克，花生油4克，精盐2克，葱花1克，香油3克，火腿10克。

【制作】

①将青菜洗净，切成段。火腿切成粗丝备用。

②锅上火倒入水烧开，放入鲜面煮熟，捞起待用。

③净锅上火，倒入花生油烧热，葱花爆香，下入火腿、青菜翻炒倒入水，调入精盐至熟，滴入香油，浇在煮好的鲜面上即可。

【制作关键】 青菜不要炒得过大，不然口味不好。

【贴心小提示】 鲜面煮好后，要用少许汤浸泡，浇入卤子时，控去多余的面汤即可。适合6岁以上儿童食用。

黄豆炸酱面

【用料】 鲜面35克，黄瓜20克，黄豆酱4克，葱花3克，花生油4克。

【制作】

①将黄瓜洗净，切成小丁备用。

②锅上火倒入水烧开，下入鲜面煮熟，捞起盛入碗内待用。

③净锅上火，倒入花生油烧热，葱花爆香，下入黄瓜稍炒，调入黄豆酱炒匀，盛在煮好的鲜面上即可。

【制作关键】 黄豆酱容易煳锅，所以炒时要用小火炒香。

【贴心小提示】 可以根据孩子的口味加入肉末等。适合7岁以上儿童食用。

自制汉堡

【用料】 小面包1个，火腿1/3根，鸡蛋1个，青菜叶1片，花生油5克，精盐2克。

【制作】

①将小面包用刀切入2/3处。火腿切成片。青菜叶洗净备用。

②净锅上火，倒入花生油烧热，打入鸡蛋煎至快熟时，撒入精盐续煎至熟盛出待用。

③将煎好的鸡蛋、火腿、青菜叶分别夹入小面包内即可。

【制作关键】 煎鸡蛋时油温不要过高，防止煎煳。

【贴心小提示】 青菜叶可以根据孩子口味自行选择。适合6岁以上儿童食用。

香味肉夹馍

【用料】 小火烧1个，嫩猪肉（或牛肉）20克，蚝油3克，葱花10克，花生油5克。

【制作】

①将小火烧用刀片开备用。

②嫩猪肉洗净，剁成泥，调入蚝油、葱花，拌匀待用。

③净锅上火，倒入花生油烧热，倒入调好的肉泥炒熟（加入适量水或者高汤煨一会儿），均匀地夹在小火烧内，再放在锅内蒸3分钟即可。

【制作关键】 猪肉要选用没有筋的制作。

【贴心小提示】 猪肉泥要先调好再炒，并有少量的汤汁，这样才会更美味。适合7岁以上儿童食用。

烙 酥 油 饼

【用料】 面粉75克，精盐2克，花生油20克，白芝麻15克。

【制作】

①将面粉用水和匀备用。

②将面团揉一下，擀成均匀的皮，撒入精盐，抹入花生油卷起，再揪成小剂子，撒上白芝麻，再擀成圆饼状待用。

③净锅上火，倒入花生油热一下，放入面饼烙熟，取出即可。

【制作关键】 面粉和成团后要放置一会儿。

【贴心小提示】 要用小火慢慢烙熟，火不能过大。适合8岁以上儿童食用。

面饼卷三丝

【用料】 面粉75克，黄瓜12克，猪肉20克，花生油6克，葱白10克，面酱5克。

【制作】

①将面粉和成团，盖上盖子放置一会儿，擀成薄面饼，烙熟备用。

②黄瓜、猪肉、葱白洗净，均切成丝待用。

③净锅上火，倒入花生油烧热，放入猪肉丝炒熟，调入面酱再炒匀盛出，放入黄瓜丝、葱丝，均匀地铺在面饼内卷起即可。

【制作关键】 面饼要擀得薄些，才会更好吃。

【贴心小提示】 肉丝要炒熟后，再调入面酱。适合9岁以上儿童食用。

肉末鸡蛋炒番茄

【用料】 番茄1个，鸡蛋1个，猪肉20克，花生油15克，精盐3克，葱花2克，香油1克。

【制作】

①将番茄洗净，切成丁备用。

②猪肉洗净，切成末。鸡蛋打入碗内搅匀，炒熟盛出待用。

③净锅上火，倒入花生油烧热，葱花爆香，下入猪肉炒熟，再下入番茄稍炒，调入精盐，放入鸡蛋，滴入香油炒匀，盛出即可。

【制作关键】 番茄丁不要切得过小，炒熟即可。

【贴心小提示】 番茄要选熟透的烹制。适合5岁以上儿童食用。

韭菜末煎鸡蛋

【用料】 韭菜35克，鸡蛋2个，精盐3克，花生油6克。

【制作】

①将韭菜择洗净，切成末备用。

②鸡蛋打入碗内，调入精盐，放入韭菜末，搅匀待用。

③净锅上火，倒入花生油烧热，倒入鸡蛋液煎熟，铲成块盛出即可。

【制作关键】 韭菜要选嫩的炒食。

【贴心小提示】 煎时炒锅最好用温油滑一下，防止粘锅。适合6岁以上儿童食用。

清炒小油菜

【用料】 小油菜8颗，葱、姜各1克，花生油4克，精盐3克。

【制作】
①将小油菜择洗净，切成四瓣备用。
②葱、姜洗净，切碎待用。
③净锅上火，倒入花生油烧热，葱、姜爆香，倒入小油菜大火快炒，调入精盐炒匀，盛出即可。

【制作关键】 油菜水分较大，所以炒时要用大火炒熟。

【贴心小提示】 油菜最好用小的，口味更纯正。适合7岁以上儿童食用。

醋烹油菜丝

【用料】 油菜100克，葱2克，花生油5克，精盐3克，米醋4克，香油2克。

【制作】
①将油菜洗净，切成丝备用。
②葱洗净，切成葱花待用。
③净锅上火，倒入花生油烧热，葱花爆香，下入油菜稍炒，调入米醋、精盐炒熟，滴入香油，盛出即可。

【制作关键】 油菜要顺着丝切，炒出来才会更美味。

【贴心小提示】 烹炒油菜时水一定要控干净，不然不好吃。适合5岁以上儿童食用。

大头菜炒肉丝

【用料】 大头菜125克，猪肉35克，蚝油6克，葱、姜各2克，香油3克。

【制作】
①将大头菜洗净，切成丝备用。
②猪肉洗净，切成丝待用。
③净锅上火，倒入花生油烧热，葱、姜炝香，下入猪肉丝煸炒，调入蚝油，下入大头菜丝炒熟，滴入香油，盛出即可。

【制作关键】 大头菜不要选过大的，小点的味道更好些。

【贴心小提示】 猪肉要用小火慢炒，炒时不宜加水。适合7岁以上儿童食用。

山鸡蛋炒大头菜

【用料】 大头菜75克，山鸡蛋2个，精盐3克，葱花1克，花生油6克。

【制作】

①将大头菜洗净，切成粗丝备用。

②山鸡蛋打入碗内，调入少许精盐，搅匀炒熟待用。

③净锅上火，倒入花生油烧热，葱花爆香，下入大头菜炒至变色，调入剩余精盐，再加入炒好的鸡蛋翻炒均匀，盛出即可。

【制作关键】 山鸡蛋放入精盐后要搅匀，不然口味不统一。

【贴心小提示】 大头菜切得不要过大，否则入味不好。适合8岁以上儿童食用。

柿子椒鸡蛋炒虾皮

【用料】 柿子椒1个，鸡蛋1个，虾皮6克，精盐1克，花生油5克，香油2克。

【制作】

①将柿子椒洗净，去籽，掰成小块备用。

②鸡蛋打入碗内搅匀。虾皮洗净，控水待用。

③净锅上火，倒入花生油烧热，虾皮爆香，倒入鸡蛋炒熟，下入柿子椒续炒，调入精盐炒匀，滴入香油，盛出即可。

【制作关键】 柿子椒要选肉质较厚的炒食。

【贴心小提示】 鸡蛋不要等完全炒熟，炒至八成熟时就要下入柿子椒，不然鸡蛋会变得很老。适合7岁以上儿童食用。

清炒柿子椒丝

【用料】 柿子椒2个，葱白4克，花生油6克，醋1克，精盐3克。

【制作】

①将柿子椒洗净，去籽，切成丝备用。

②葱白洗净，切成丁待用。

③净锅上火，倒入花生油烧热，葱白爆香，下入柿子椒稍炒，调入精盐、醋炒熟，盛出即可。

【制作关键】 柿子椒炒的火候不要过大，过大口感不好。

【贴心小提示】 柿子椒水分较大，所以要大火快炒至熟。适合8岁以上儿童食用。

菠菜拌两样

【用料】 菠菜50克，胡萝卜20克，腐竹12克，鲜味酱油4克，香油3克。

【制作】
①将菠菜择洗净，切成段。胡萝卜洗净，去皮，切成丝。腐竹用水泡透，切成丝备用。
②锅上火倒入水烧开，将菠菜、腐竹分别焯水，投凉控净水分待用。
③将菠菜、腐竹、胡萝卜放在盛器内，调入鲜味酱油、香油拌匀，盛盘即可。

【制作关键】 菠菜不要烫得过大，变色即可。

【贴心小提示】 菠菜最好选用大田里生长的，口味更佳。适合9岁以上儿童食用。

红肠蒜末炒菠菜

【用料】 菠菜100克，红肠20克，大蒜4瓣，精盐2克，香油3克，醋1克。

【制作】
①将菠菜择洗净，切成段，放在开水内烫一下，过凉控水备用。
②红肠切成小粒。大蒜去皮，洗净，切成末待用。
③将大蒜用精盐、香油、醋调匀，放入菠菜、红肠拌匀，盛盘即可。

【制作关键】 红肠要选肉质的，不宜用淀粉含量过高的拌食。

【贴心小提示】 大蒜要先调匀，这样才会更好吃。适合7岁以上儿童食用。

烧茄子

【用料】　长茄子1根，猪肉35克，葱、姜各3克，花生油10克，精盐1克，酱油4克，香菜2克。

【制作】
①将长茄子洗净，切成块备用。
②猪肉洗净，切成末待用。
③净锅上火，倒入花生油烧热，葱、姜爆香，下入猪肉煸炒，调入酱油，放入茄子稍炒，倒入少许水，调入精盐烧熟，撒入香菜，盛出即可。

【制作关键】　茄子要先炒一下，这样烧出的茄子才会更好吃。

【贴心小提示】　茄子要选细而长的。适合8岁以上儿童食用。

虾米烧茄子

【用料】　茄子150克，虾米25克，花生油12克，蚝油6克，蒜末3克，香油5克。

【制作】
①将茄子洗净，切成丝备用。
②虾米用温水淘洗干净杂质待用。
③净锅上火，倒入花生油烧热，蒜末、虾米爆香，下入茄子稍炒，调入蚝油炒熟，滴入香油，盛出即可。

【制作关键】　茄子炒时不要用大火，防止炒碎。

【贴心小提示】　茄子不要选籽过多或面包茄子烹制，口味不是很好。适合6岁以上儿童食用。

芹菜段炒肉丝

【用料】　芹菜100克，猪肉25克，葱、姜各2克，花生油6克，精盐2克，酱油2克，花椒油3克。

【制作】
①将芹菜择洗净，斜刀切成片备用。
②猪肉洗净，切成丝待用。
③净锅上火，倒入花生油烧热，葱、姜爆香，下入猪肉煸炒一下，调入酱油，下入芹菜翻炒，再调入精盐炒熟，滴入花椒油炒匀，盛出即可。

【制作关键】　炒芹菜时不要加水，否则口味不好。

【贴心小提示】　芹菜不选有筋的、过老的，影响宝宝食用。适合7岁以上儿童食用。

鸡蛋芹菜炒红肠

【用料】 芹菜1棵，鸡蛋1个，红肠20克，花生油10克，精盐3克，葱花2克。

【制作】
①将芹菜择洗净，切成段。红肠切成条备用。
②鸡蛋打入碗内搅匀，放入锅内炒熟盛出待用。
③净锅上火，倒入花生油烧热，葱花、红肠爆香，下入芹菜稍炒，调入精盐，下入鸡蛋炒匀，盛出即可。

【制作关键】 鸡蛋要用大火快炒至熟，不宜炒得过老。

【贴心小提示】 芹菜要片开，然后再切成段，不然入味不好。适合5岁以上儿童食用。

芹菜腐竹拌香肠

【用料】 芹菜75克，腐竹35克，香肠20克，精盐2克，味精1克，香油4克。

【制作】
①将芹菜择洗净，切成段。香肠切粗丝。腐竹用水泡透，洗净，切成段备用。
②锅上火倒入水烧开，将芹菜、腐竹分别焯烫，过凉控水待用。
③将芹菜、腐竹、香肠放入盛器内，调入精盐、味精、香油拌匀，盛入盘内即可。

【制作关键】 芹菜焯水不能过大，不然口感不好。

【贴心小提示】 腐竹焯水后要挤净水分，成菜口味才会好。适合6岁以上儿童食用。

肉丝炒腐竹

【用料】 腐竹3根，猪肉25克，青菜20克，花生油8克，蚝油5克，葱花3克。

【制作】
①将腐竹用水泡透，洗净，切成粗丝备用。
②猪肉洗净，切成丝。青菜洗净，切成粗丝待用。
③净锅上火，倒入花生油烧热，葱花炝香，下入猪肉煸炒至变色，调入蚝油，下入腐竹翻炒，下入青菜炒熟，盛出即可。

【制作关键】 腐竹要泡透至没有硬心为好。

【贴心小提示】 泡腐竹时最好用凉水浸泡，成菜后口感才会更好。适合7岁以上儿童食用。

肉片葱段炒山木耳

【用料】 黑木耳35克，猪肉20克，大葱10克，花生油8克，蚝油3克，精盐1克，味精2克。

【制作】

①将黑木耳用温水泡透，洗净杂质，撕成小块备用。

②猪肉洗净，切成薄片。大葱洗净，切成片待用。

③净锅上火，倒入花生油烧热，大葱爆香，下入肉片炒至变色，调入蚝油，下入黑木耳，调入精盐、味精炒熟，盛出即可。

【制作关键】 猪肉的片尽量要切得薄些，这样才能更好地入味。

【贴心小提示】 木耳入味较慢，所以要多炒一会儿。适合8岁以上儿童食用。

虾米爆炒木耳

【用料】 黑木耳40克，虾米15克，青菜10克，花生油6克，精盐4克，味精2克，香油3克，蒜片2克。

【制作】

①将黑木耳用水泡透，洗净杂质，撕成小块备用。

②虾米洗净。青菜洗净，切成段待用。

③净锅上火，倒入花生油烧热，蒜片、虾米爆香，下入黑木耳、青菜；调入精盐、味精炒熟，滴入香油炒匀，盛出即可。

【制作关键】 黑木耳要完全泡开再烹制。

【贴心小提示】 黑木耳要选没有杂质、肉质较厚的。适合7岁以上儿童食用。

皮蛋炒大葱

【用料】 皮蛋2个，大葱1棵，花生油8克，精盐3克，醋2克，姜丝4克，香油1克。

【制作】
①将皮蛋去皮，洗净，切成丁备用。
②大葱去皮，洗净，切成片待用。
③净锅上火，倒入花生油烧热，大葱、姜丝炝香，下入皮蛋稍炒，调入精盐、醋炒熟，滴入香油，盛出即可。

【制作关键】 皮蛋不要切得过小，防止破碎。

【贴心小提示】 炒皮蛋时最好用老陈醋味道会更好。适合8岁以上儿童食用。

鲜味姜末老醋皮蛋

【用料】 皮蛋3个，老姜8克，鲜味酱油5克，老陈醋4克，香油3克。

【制作】
①将皮蛋去皮，洗净，切成条，摆在盘内备用。
②老姜去皮，洗净，切成末待用。
③姜末用鲜味酱油、老陈醋、香油调匀，浇在盘内皮蛋上即可。

【制作关键】 皮蛋切得条不宜过大，不然入味不好。

【贴心小提示】 皮蛋要选上等的食用，孩子也不宜经常食用。适合7岁以上儿童食用。

肉末炒黄瓜片

【用料】 黄瓜1根，猪肉20克，花生油10克，精盐2克，蚝油3克，葱花5克，香油2克。

【制作】
①将黄瓜洗净，去蒂，切成片备用。
②猪肉洗净，切成末待用。
③净锅上火，倒入花生油烧热，葱花爆香，下入猪肉稍炒，调入蚝油，下入黄瓜翻炒，调入精盐炒熟，滴入香油，盛入盘内即可。

【制作关键】 黄瓜炒的火候不要过大，防止口感不好。

【贴心小提示】 黄瓜要选嫩而味道浓的食用。适合6岁以上儿童食用。

黄瓜丝拌皮蛋粒

【用料】 皮蛋1个，黄瓜半根，大蒜5瓣，鲜味酱油3克，醋2克，香油3克。

【制作】
①将皮蛋去皮，洗净，切成粒备用。
②黄瓜洗净，切成丝。大蒜去皮，洗净，捣成泥待用。
③将蒜泥用鲜味酱油、醋、香油调匀，放入黄瓜丝、皮蛋拌匀，盛入盘内即可。

【制作关键】 蒜泥要先用其他调料拌匀，不然口味不好。

【贴心小提示】 皮蛋也不要切得过小，容易破碎。适合7岁以上儿童食用。

清炒菱瓜

【用料】 菱瓜1根，大蒜3瓣，花生油6克，精盐4克，味精2克。

【制作】
①将菱瓜洗净，切成粗丝备用。
②大蒜去皮，洗净，切成片待用。
③净锅上火，倒入花生油烧热，大蒜炝锅，倒入菱瓜大火快炒，调入精盐、味精炒熟，盛出即可。

【制作关键】 菱瓜的丝不要切得太细，要用大火快炒至熟。

【贴心小提示】 菱瓜要选嫩的食用，营养才会更丰富。适合5岁以上儿童食用。

海米蒜末爆菱瓜

【用料】 菱瓜125克，大蒜3瓣，海米10克，花生油8克，精盐3克。

【制作】
①将菱瓜洗净，切成片备用。
②大蒜去皮，洗净，切成末。海米淘洗净，控水待用。
③净锅上火，倒入花生油烧热，大蒜、海米爆香，倒入菱瓜翻炒，调入精盐炒熟，盛出即可。

【制作关键】 菱瓜炒得不易火候过大，不然口感不好。

【贴心小提示】 海米要选好的，用温水淘洗，捡净杂质。适合7岁以上儿童食用。

韭菜炒土豆丝

【用料】 土豆1个，韭菜20克，花生油10克，葱、姜各2克，精盐3克，味精2克，香油4克。

【制作】
①将土豆去皮，洗净，切成丝备用。
②韭菜择洗净，切成段待用。
③净锅上火，倒入花生油烧热，葱、姜爆香，下入土豆丝炒一会儿，调入精盐、味精炒熟，下入韭菜炒匀，滴入香油，盛出即可。

【制作关键】 韭菜不要放入过早，否则口味不好。

【贴心小提示】 韭菜最好选嫩而细的，韭香味更浓。适合6岁以上儿童食用。

香辣土豆丝

【用料】 土豆100克，香菜1棵，干辣椒2个，葱花4克，花生油8克，精盐4克，味精2克，香油3克。

【制作】
①将土豆去皮，洗净，切成丝，用水淘洗。香菜择洗净，切成段。干辣椒洗净，切成丝备用。
②锅上火倒入水烧开，放入土豆丝焯烫，捞起控水待用。
③净锅上火，倒入花生油烧热，葱花、干辣椒爆香，倒入土豆丝，撒入香菜，调入精盐、味精炒匀，滴入香油，盛出即可。

【制作关键】 土豆丝要切得均匀些，焯烫也不宜过大。

【贴心小提示】 土豆最好选较脆的烹制，口感才会更好。适合8岁以上儿童食用。

煎豆腐条

【用料】　卤水豆腐100克，大葱8克，花生油10克，精盐3克。

【制作】

①将卤水豆腐洗净，切成条备用。

②大葱去皮，洗净，切成片待用。

③净锅上火，倒入花生油烧热，大葱炝香，下入豆腐煎至成熟，撒入精盐炒匀，盛出即可。

【制作关键】　豆腐要用慢火煎至成熟，防止煎煳。

【贴心小提示】　豆腐必须选卤水的给孩子食用。适合9岁以上儿童食用。

肉末烧豆腐

【用料】　卤水豆腐125克，猪肉30克，花生油8克，蚝油7克，葱、姜各3克，香油2克。

【制作】

①将卤水豆腐洗净，切成块备用。

②猪肉洗净，切成末。葱、姜洗净，切碎待用。

③净锅上火，倒入花生油烧热，葱、姜爆香，下入猪肉煸炒至变色，调入蚝油，下入卤水豆腐，加入少许水烧至入味，滴入香油，盛出即可。

【制作关键】　豆腐要用小火慢慢烧至入味。

【贴心小提示】　豆腐切得块不要过大，否则入味较慢。适合6岁以上儿童食用。

豆芽炒腐皮

【用料】　豆腐皮75克，绿豆芽20克，胡萝卜10克，花生油6克，葱花3克，精盐4克，味精2克，香油3克。

【制作】

①将豆腐皮洗净，切成粗丝备用。

②绿豆芽洗净。胡萝卜洗净，去皮，切成粗丝待用。

③净锅上火，倒入花生油烧热，葱花爆香，下入胡萝卜、绿豆芽稍炒，调入精盐，再下入豆腐皮炒熟，调入味精、香油炒匀，盛出即可。

【制作关键】　绿豆芽要炒至回软时，再放入豆腐皮。

【贴心小提示】　豆腐皮入味较慢，所以要用慢火煨一下。适合7岁以上儿童食用。

豆皮炒肉丝

【用料】 豆腐皮1张，猪肉35克，香菜1棵，花生油7克，酱油2克，精盐3克，葱、姜各2克。

【制作】

①将豆腐皮洗净，切成细丝备用。

②猪肉洗净，切成丝。香菜择洗净，切成段待用。

③净锅上火，倒入花生油烧热，葱、姜炝香，下入猪肉煸炒至变色，调入酱油，下入豆腐皮，调入精盐，撒入香菜炒熟，盛出即可。

【制作关键】 猪肉丝要用慢火炒至快熟，防止煳锅。

【贴心小提示】 豆腐皮最好选较薄的烹制，口味更好。适合6岁以上儿童食用。

肉末爆豆芽

【用料】 绿豆芽135克，牛肉40克，大葱10克，花生油8克，精盐2克，蚝油3克，味精2克。

【制作】

①将绿豆芽洗净，用开水稍烫一下控水备用。

②牛肉洗净，切成末。大葱去皮，洗净，切成片待用。

③净锅上火，倒入花生油烧热，大葱炝香，下入牛肉煸炒，调入蚝油，下入绿豆芽，调入精盐、味精炒匀，盛出即可。

【制作关键】 绿豆芽不要焯水过大，不然口感较差。

【贴心小提示】 绿豆芽要选根较短的，有利于孩子消化。适合7岁以上儿童食用。

炸萝卜丸

【用料】 青萝卜100克，面粉35克，花生油150克（实耗不多），精盐6克，花椒面2克，味精1克，葱花4克。

【制作】

①将青萝卜洗净，切成丝备用。

②面粉用少许水，调入精盐、、味精、花椒面搅匀，再放入葱花、青萝卜拌匀待用。

③净锅上火，倒入花生油烧热，将调好的青萝卜挤成丸子，放入锅内炸熟，捞起控油，盛入盘内即可。

【制作关键】 调制面粉时水不要加多，因萝卜有一定的水分，不然很难成形。

【贴心小提示】 炸丸子时油温不要过高，丸子的个头也不要过大。适合8岁以上儿童食用。

腌炸里脊肉

【用料】 猪里脊100克，鸡蛋半个，花生油150克（实耗不多），精盐4克，面粉20克，胡椒粉2克，味精1克。

【制作】

①将猪里脊肉洗净，切成长条，调入精盐、胡椒粉、味精腌制15分钟左右备用。

②将鸡蛋打入碗内，放入面粉搅拌均匀，放入腌好的里脊肉再次拌匀待用。

③净锅上火，倒入花生油烧热，放入里脊炸熟，捞起控油，盛入盘内即可。

【制作关键】 猪里脊不要切得过大，否则入味不好。

【贴心小提示】 炸里脊肉时油温不要太高，防止炸煳。适合9岁以上儿童食用。

红烧里脊肉

【用料】 猪里脊肉150克，大葱20克，花生油10克，酱油5克，精盐2克，白糖3克，香菜1棵。

【制作】

①将猪里脊肉洗净，切成小块备用。

②大葱去皮，洗净，切成小节。香菜择洗净，切成段待用。

③净锅上火，倒入花生油烧热，大葱爆香，下入猪里脊肉煸炒一下，调入酱油续炒至上色，倒入少许水，调入精盐、白糖烧熟，撒入香菜段，盛出即可。

【制作关键】 大葱要先爆香，用慢火烧熟。

【贴心小提示】 猪里脊要将上面的白脂剔除干净，不然影响孩子食用。适合8岁以上儿童食用。

山药里脊肉煲

【用料】 猪里脊肉100克，山药50克，花生油6克，葱、姜各2克，精盐5克，味精2克，胡椒粉1克。

【制作】

①将猪里脊肉洗净，切成块备用。

②山药去皮，洗净，切成块待用。

③净锅上火，倒入花生油烧热，葱、姜爆香，下入猪里脊肉稍炒，调入精盐，再下入山药炒一下，倒入水，调入胡椒粉煲熟，调入味精搅匀，盛入碗内即可。

【制作关键】 猪里脊要先炒一下，这样煲好的汤没有异味。

【贴心小提示】 在煲的过程中要用小火多煲一会儿，山药尽量选面的。适合6岁以上儿童食用。

清炸五花肉

【用料】 猪五花肉125克，淀粉20克，精盐4克，花椒面1克，味精2克，花生油200克（实耗不多）。

【制作】

①将猪五花肉洗净，切成片备用。

②猪五花肉用精盐、味精、花椒面腌制10分钟，放入淀粉拌匀待用。

③净锅上火，倒入花生油烧热，下入猪五花肉炸熟，捞起控净油，盛入盘内即可。

【制作关键】 五花肉要先腌制一会儿，要控净里面多余的水分。

【贴心小提示】 猪五花肉不要选过肥的，如果宝宝体重超标不宜食用。适合7岁以上儿童食用。

洋葱烧五花肉

【用料】 猪五花肉100克，洋葱半个，花生油8克，精盐3克，酱油5克，味精2克。

【制作】

①将猪五花肉洗净，切成小块备用。

②洋葱去皮，洗净，切成块待用。

③净锅上火，倒入花生油烧热，下入猪五花肉煸炒至萎缩，调入酱油，下入洋葱翻炒，倒入少许水，调入精盐烧熟，再调入味精炒匀，盛入盘内即可。

【制作关键】 猪五花肉的块不要过大，否则会很油腻。

【贴心小提示】 猪五花肉要多煸炒一会儿，这样成菜孩子更喜欢食用。适合8岁以上儿童食用。

蒜烧鸡翅根

【用料】 鸡翅根150克，大蒜10瓣，老姜5克，花生油6克，精盐4克，蚝油3克，白糖4克，酱油1克。

【制作】

①将鸡翅根洗净，切上花刀备用。

②大蒜去皮，洗净。老姜去皮，洗净，切成粒待用。

③净锅上火，倒入花生油烧热，大蒜、老姜爆香，下入鸡翅根炒一下，调入蚝油、酱油、白糖续炒至上色，倒入少许水烧开，调入精盐烧熟，盛入盘内即可。

【制作关键】 鸡翅根必须打上花刀，这样才能更好地入味。

【贴心小提示】 鸡翅根要煸炒至上色，成菜后没有腥味。适合6岁以上儿童食用。

拍粉炸翅根

【用料】 鸡翅根2个，葱、姜各4克，淀粉15克，精盐6克，味精2克，花生油100克（实耗不多）。

【制作】
①将鸡翅根洗净备用。
②葱、姜洗净，分别拍松，放在鸡翅根内，调入精盐、味精腌制片刻待用。
③净锅上火，倒入花生油烧热，将鸡翅根用淀粉拍匀，放入锅内炸熟，捞起控油，盛入盘内即可。

【制作关键】 鸡翅根要先腌制入味，防止炸好没有味道。

【贴心小提示】 炸鸡翅根时切忌油温过高，要用慢火炸熟。适合7岁以上儿童食用。

柠 檬 鸡 翅

【用料】 鸡翅200克，橘子半个，柠檬汁15克，酱油2克，冰糖3克。

【制作】
①将鸡翅洗净，切上花刀，放在开水内余烫备用。
②将橘子洗净，切成片待用。
③净锅上火，倒入柠檬汁和少许水，调入酱油、冰糖，放入橘子片、鸡翅煨熟，盛入盘内即可。

【制作关键】 鸡翅要余水彻底，否则腥味会很重。

【贴心小提示】 鸡翅要用小火慢慢使其入味，充分吸收橘子的特有味道。适合8岁以上儿童食用。

五香清炸鸡翅

【用料】 鸡翅4个，洋葱20克，花生油125克（实耗不多），精盐6克，酱油2克，五香粉8克。

【制作】
①将鸡翅洗净备用。
②洋葱去皮，洗净，切成丝，放在鸡翅内，调入精盐、酱油、五香粉腌制18分钟待用。
③净锅上火，倒入花生油烧热，放入鸡翅炸熟，捞起控油，盛入盘内即可。

【制作关键】 炸鸡翅时用小火慢炸至熟。

【贴心小提示】 鸡翅不要炸得过老，成熟即可，以便于孩子食用。适合6岁以上儿童食用。

清炸鸡腿肉

【用料】 鸡腿肉1个，葱、姜各6克，面粉少许，精盐5克，花生油125克（实耗不多）。

【制作】

①将鸡腿肉洗净，斩成块备用。

②葱、姜洗净，拍松，放在鸡腿肉内，调入精盐腌制15分钟待用。

③净锅上火，倒入花生油烧热，将鸡腿肉蘸上面粉，放入锅内炸熟，捞起控油，盛入盘内即可。

【制作关键】 鸡腿肉的块不要斩得过大。

【贴心小提示】 炸鸡腿肉时油温不能过低，防止炸老。适合7岁以上儿童食用。

香 酥 鸡 腿

【用料】 鸡腿1个，鸡蛋1个，淀粉20克，精盐6克，味精2克，辣椒粉2克，孜然粉1克。

【制作】

①将鸡腿洗净，片开相连备用。

②将鸡蛋打入碗内，调入精盐、味精、淀粉搅拌均匀待用。

③净锅上火，倒入花生油烧热，将鸡腿放在调好的糊内蘸匀，放入油锅内炸熟，捞起控油，均匀地撒入孜然粉、辣椒粉，放在盘内即可。

【制作关键】 所用的淀粉糊要充分搅拌均匀。

【贴心小提示】 炸鸡腿时用慢火炸制，以防炸煳，辣椒粉不要撒的过多。适合9岁以上儿童食用。

青椒炒鸡心

【用料】 鸡心125克，青椒1个，花生油8克，精盐2克，蚝油4克，味精2克，葱、姜各4克。

【制作】

①将鸡心去除油脂，洗净，片开，放在开水内余烫4分钟，捞起洗净备用。

②将青椒洗净，去子、蒂，掰成块待用。

③净锅上火，倒入花生油烧热，葱、姜爆香，下入鸡心煸炒2分钟，调入蚝油、精盐、味精，放入青椒炒熟，盛出即可。

【制作关键】 鸡心要把上面的油脂去除干净，不然成菜腥味较重。

【贴心小提示】 鸡心只有多煸炒一会儿，成菜后口味才会更好。适合7岁以上儿童食用。

芹菜炒鸡心

【用料】 鸡心100克，芹菜1棵，花生油6克，精盐4克，酱油2克，味精2克，葱、姜各4克，香油2克。

【制作】
①将鸡心洗净，切上花刀，放入开水内汆烫，捞起洗净备用。
②芹菜择洗净，斜刀切成段待用。
③净锅上火，倒入花生油烧热，葱、姜爆香，下入鸡心煸炒一会儿，调入酱油、精盐，放入芹菜炒熟，滴入香油，盛出即可。

【制作关键】 煸炒鸡心时要用大火快炒。

【贴心小提示】 鸡心一定要选新鲜的，切上花刀不但美观，而且更能给宝宝带来食欲。适合6岁以上儿童食用。

腌炸牙签肉

【用料】 鸡胸肉100克，葱、姜各6克，牙签适量，精盐4克，料酒8克，花生油200克（实耗不多）。

【制作】
①将鸡胸肉洗净，切成小块，用牙签串起备用。
②将串好的鸡胸肉，用精盐、料酒、葱、姜腌制30分钟待用。
③净锅上火，倒入花生油烧热，下入牙签肉炸熟，捞起控油，盛在盘内即可。

【制作关键】 鸡胸肉不要切得过大，不然成熟较慢。

【贴心小提示】 炸鸡胸肉时油温不要太高，小火慢炸至熟即可，不宜过火，以便孩子更好地食用。适合7岁以上儿童食用。

孜然粉煸牙签肉

【用料】 鸡胸肉150克，洋葱末10克，花生油200克（实耗不多），精盐6克，孜然粉8克，辣椒面4克。

【制作】

①将鸡胸肉洗净，切成小块，用牙签串起备用。

②将鸡胸肉用洋葱、精盐、孜然粉、辣椒面腌制25分钟待用。

③净锅上火，倒入花生油烧热，下入鸡胸肉炸熟，捞起控油，盛入盘内即可。

【制作关键】 鸡胸肉入味较慢，所以要多腌制一会儿，使成菜更美味。

【贴心小提示】 制作时可以根据孩子对辣的敏感度适量添加。适合8岁以上儿童食用。

冬瓜鸡蛋汤

【用料】 冬瓜75克，鸡蛋1个，香菜1棵，花生油5克，葱、姜各3克，精盐4克，味精2克，香油2克。

【制作】

①将冬瓜去皮、子，洗净，切成粗丝备用。

②鸡蛋打入碗内搅匀。香菜择洗净，切成段待用。

③净锅上火，倒入花生油烧热，葱、姜爆香，下入冬瓜煸炒，倒入适量水，调入精盐、味精烧开，浇入鸡蛋液至熟，滴入香油，撒入香菜，盛出即可。

【制作关键】 冬瓜不要炒得过大，轻轻炒一下即可。

【贴心小提示】 给孩子制作时，可以放入喜欢的其他配料，比如虾皮等。适合6岁以上儿童食用。

鸭黄豆腐汤

【用料】 嫩豆腐100克，鸭蛋黄2个，花生油5克，精盐3克，葱、姜各2克，香油3克。

【制作】

①将嫩豆腐洗净，切成条备用。

②将鸭蛋黄蒸熟，切碎待用。

③净锅上火，倒入花生油烧热，葱、姜爆香，放入鸭蛋黄稍炒，倒入豆腐翻炒，调入精盐，倒入水小火炖5分钟，滴入香油，盛出即可。

【制作关键】 鸭蛋黄要先蒸熟，更要炒一下，防止成菜腥味较重。

【贴心小提示】 鸭蛋黄在超市或自由市场均可购到，要选色泽较黄的。适合6岁以上儿童食用。

清炖豆腐汤

【用料】 嫩豆腐75克，香菜1棵，花生油6克，精盐4克，味精2克，葱花5克。

【制作】
①将嫩豆腐洗净，切成小块备用。
②香菜择洗净，切成段待用。
③净锅上火，倒入花生油烧热，葱花爆香，下入豆腐烹炒一下，倒入水，调入精盐至熟，调入味精，撒入香菜搅匀，盛出即可。

【制作关键】 豆腐要小火慢炖才会更美味。

【贴心小提示】 豆腐必须选卤水的，不但好吃而且营养更加丰富。适合6岁以上儿童食用。

肉片胡萝卜汤

【用料】 胡萝卜1根，猪肉35克，青菜叶10克，花生油6克，精盐5克，鸡粉2克，葱花3克，香油2克。

【制作】
①将胡萝卜洗净，去皮，切成粗丝备用。
②猪肉洗净，切成片。青菜洗净，切成丝待用。
③净锅上火，倒入花生油烧热，葱花爆香，下入猪肉煸炒一下，再下入胡萝卜一起炒，倒入水，调入精盐、鸡粉至熟，撒入青菜叶，滴入香油，盛出即可。

【制作关键】 炒猪肉时要用小火慢炒，防止肉质变色。

【贴心小提示】 胡萝卜要炒一会儿，这样营养更容易吸收。适合7岁以上儿童食用。

木耳青瓜鸽蛋汤

【用料】 木耳20克，青瓜半根，鸽蛋4个，花生油5克，葱、姜各1克，精盐4克，味精2克，香油3克。

【制作】
①将木耳用水泡透，洗净杂质，撕成小片备用。
②青瓜洗净，切成片。鸽蛋洗净，煮熟，去皮，切成两半待用。
③净锅上火，倒入花生油烧热，葱、姜爆香，下入木耳、青瓜稍炒，倒入水，下入鸽蛋，调入精盐、味精至熟，滴入香油，盛出即可。

【制作关键】 青瓜不要炒得过大，不然色泽不好。

【贴心小提示】 鸽蛋煮熟后稍凉，轻轻滚动至皮碎，即可轻易去除干净。适合6岁以上儿童食用。

鸡肉西红柿汤

【用料】 鸡肉75克，西红柿1个，花生油5克，精盐6克，葱花3克。

【制作】
①将鸡肉洗净，斩成块，用开水汆烫，捞起洗净备用。
②西红柿洗净，切成块待用。
③净锅上火，倒入花生油烧热，葱花炝香，下入鸡肉煸炒，倒入水，调入精盐，放入西红柿炖熟，盛出即可。

【制作关键】 鸡肉要先用水汆一下，洗净杂质，防止成菜有异味。

【贴心小提示】 西红柿可以根据宝宝的饮食习惯，把外皮去除。适合7岁以上儿童食用。

山药鸡肉木耳煲

【用料】 鸡肉100克，山药45克，木耳10克，花生油8克，精盐6克，味精3克，酱油2克，葱、姜各4克。

【制作】
①将鸡肉洗净，斩成块，放在开水内汆烫一下，洗净控水备用。
②山药去皮，洗净，切成块。木耳提前用水泡透，洗净，撕成小块待用。
③净锅上火，倒入花生油烧热，葱、姜炝锅，倒入鸡肉煸炒，调入酱油、味精、精盐，倒入水，下入山药、木耳小火至熟，盛出即可。

【制作关键】 鸡肉要汆烫至没有血色为佳。

【贴心小提示】 选择山药时尽量选色泽乳白的，口味才会更好。适合8岁以上儿童食用。

土豆炖鸡肉

【用料】 鸡肉125克，土豆1个，香菜1棵，花生油5克，蚝油3克，精盐4克，味精2克，姜片3克。

【制作】
①将鸡肉洗净，斩成块，土豆去皮，洗净，切成块。香菜择洗净，切成段备用。
②锅上火倒入水烧开，放入鸡肉汆烫，捞起洗净控水待用。
③净锅上火，倒入花生油烧热，姜片炝锅，下入鸡肉、土豆一起翻炒，调入蚝油、精盐、味精，倒入适量水炖熟，撒入香菜，盛出即可。

【制作关键】 鸡肉和土豆要先炒至上色，成菜味道更佳。

【贴心小提示】 土豆最好选黄瓤的。适合7岁以上儿童食用。

鸡肉冬菇煲

【用料】 鸡肉125克，冬菇10朵，青菜20克，花生油6克，酱油5克，精盐3克，葱、姜各2克。

【制作】
①将鸡肉洗净，斩成小块。冬菇用水泡透，洗净，片开。青菜洗净备用。
②锅上火倒入水烧开，放入鸡肉氽烫，捞起洗净杂质，控水待用。
③净锅上火，倒入花生油烧热，葱、姜、冬菇炝锅，下入鸡肉稍炒，调入酱油、精盐，倒入适量水煲熟，再放入青菜至入味，盛出即可。

【制作关键】 冬菇要先爆炒出香味，这样成菜味道才会更浓。

【贴心小提示】 冬菇泡透后不要洗的次数过多，否则味道会变得很淡。适合8岁以上儿童食用。

鸭肉土豆香菇煲

【用料】 鸭肉100克，土豆50克，香菇3朵，葱10克，香菜1棵，花生油7克，蚝油5克，精盐3克，鸡粉2克。

【制作】
①将鸭肉洗净，斩成块。土豆去皮，洗净，切成块。香菇去蒂，切成丝。葱去皮，洗净，切成段。香菜择洗净，切成末备用。
②锅上火倒入水烧开，放入鸭肉氽烫5分钟，捞起洗净上面的浮沫，控水待用。
③净锅上火，倒入花生油烧热，香菇、葱段爆香，下入鸭肉煸炒2分钟，调入蚝油，下入土豆再炒一会儿，倒入水，调入精盐、鸡粉煲熟，撒入香菜，盛出即可。

【制作关键】 香菇丝不要切得过细，要用小火慢慢煲熟。

【贴心小提示】 鸭肉脂肪含量过高，所以要先氽烫使其流失一部分后，再食用为好。适合9岁以上儿童食用。

冬瓜木耳鸭肉煲

【用料】 鸭肉125克，冬瓜100克，水发木耳10克，老姜6克，花生油7克，精盐5克，鲜味酱油4克。

【制作】
①将鸭肉洗净，斩成小块。瓜去皮、子，洗净，切成块。水发木耳洗净，撕成块。老姜去皮，洗净，切成粒备用。
②锅上火倒入水，放入鸭肉煮8分钟，捞起洗净，控水待用。
③净锅上火，倒入花生油烧热，老姜炝锅，下入鸭肉翻炒，调入鲜味酱油，下入冬瓜、木耳翻炒几下，倒入水，调入精盐，小火煲熟，盛出即可。

【制作关键】 冬瓜切得块不要过大，否则入味较差。

【贴心小提示】 木耳要多洗几遍，防止有泥沙，影响孩子食用。适合7岁以上儿童食用。

紫菜红肠汤

【用料】 紫菜10克，鸡蛋1个，红肠半根，香菜1棵，花生油6克，精盐5克，葱花3克，香油2克。

【制作】
①将紫菜用温水浸泡。鸡蛋打入碗内搅匀备用。
②红肠切成丝。香菜择洗净，切成段待用。
③净锅上火，倒入花生油烧热，葱花、红肠爆香，倒入水，放入紫菜，调入精盐，淋入鸡蛋液至熟，撒入香菜，滴入香油，盛出即可。

【制作关键】 紫菜要洗净泥沙，防止牙碜。

【贴心小提示】 红肠要先炒一下，这样汤才会香美。适合6岁以上儿童食用。

菠菜拌鹌鹑蛋

【用料】 菠菜100克，鹌鹑蛋8个，大蒜3瓣，鲜味酱油2克，精盐3克，香油5克。

【制作】
①将菠菜择洗净。鹌鹑蛋洗净。大蒜去皮，洗净备用。
②将菠菜焯烫，投凉，切成段。鹌鹑蛋煮熟，去皮待用。
③将大蒜捣成泥，调入鲜味酱油、精盐、香油调匀，放在菠菜、鹌鹑蛋内拌匀，盛入盘内即可。

【制作关键】 菠菜不要烫得过火，防止营养流失太多。

【贴心小提示】 拌制时可以放入少许老陈醋，成菜更好吃。适合6岁以上儿童食用。

菠菜炒猪肝

【用料】 菠菜125克，猪肝75克，大蒜4瓣，花生油6克，精盐2克，蚝油5克，味精3克，香油4克。

【制作】
①将菠菜择洗净，切成段。猪肝洗净，切成片。大蒜去皮，洗净，切成片备用。
②锅上火倒入水将菠菜、猪肝分别焯（汆）水待用。
③净锅上火，倒入花生油烧热，蒜片爆香，下入猪肝稍炒，调入蚝油、精盐、味精，放入菠菜翻炒，滴入香油炒匀，盛出即可。

【制作关键】 猪肝要汆水至九成熟，并洗净上面的杂质。

【贴心小提示】 猪肝要选用新鲜，没有血块的食用。适合6岁以上儿童食用。

猪肝炒海带

【用料】 猪肝100克，海带结35克，大葱15克，花生油7克，精盐3克，酱油5克，醋3克。

【制作】
①将猪肝洗净，切成粗片。海带结洗净。大葱去皮，洗净，切成片备用。
②将猪肝、海带分别用开水汆（焯）烫，洗净控水待用。
③净锅上火，倒入花生油烧热，大葱炝香，下入猪肝煸炒，调入酱油，下入海带翻炒，调入精盐、醋炒匀至熟，盛出即可。

【制作关键】 猪肝丝不要过细，煸炒至色泽发亮时为好。

【贴心小提示】 海带最好选肉质较厚的，口感味道都会更好。适合7岁以上儿童食用。

豆腐烧蛤蜊

【用料】 蛤蜊150克，嫩豆腐75克，香菜1棵，花生油5克，蚝油7克，葱、姜各2克。

【制作】

①将蛤蜊洗净。嫩豆腐洗净，切成块。香菜择洗净，切成段备用。

②蛤蜊放在锅内煮熟，捞起，取肉洗净待用。

③净锅上火，倒入花生油烧热，葱、姜炝香，放入豆腐翻炒，调入蚝油，倒入少许水，烧开3分钟，放入蛤蜊肉续烧一下，撒入香菜，盛出即可。

【制作关键】 蛤蜊肉不要放入的过早，防止肉质变老，影响宝宝食用。

【贴心小提示】 豆腐必须要用卤水的，要用小火烧至入味。适合8岁以上儿童食用。

蛤蜊肉炒冬瓜红肠

【用料】 蛤蜊肉100克，冬瓜75克，红肠1根，花生油6克，葱、蒜各2克，精盐3克，香油5克。

【制作】

①将蛤蜊肉洗净。冬瓜去皮、子，洗净，切成粗丝。红肠切成粗丝备用。

②锅内倒入水烧开，放入蛤蜊肉汆烫至熟，捞起控水待用。

③净锅上火，倒入花生油烧热，葱、蒜爆香，下入红肠稍炒，再下入冬瓜翻炒，调入精盐炒熟，倒入蛤蜊肉炒匀，滴入香油，盛出即可。

【制作关键】 红肠要先炒一下，这样菜看才会更美味。

【贴心小提示】 蛤蜊肉要选没有杂质的，也可以用干品烹制。适合7岁以上儿童食用。

鸡蛋蛤蜊肉炒柿子椒

【用料】 蛤蜊肉75克，鸡蛋1个，柿子椒1个，花生油8克，精盐3克，葱花5克。

【制作】

①将蛤蜊肉洗净，放在锅内汆烫至熟备用。

②鸡蛋打入碗内搅匀。柿子椒洗净，去蒂、子，切成丝待用。

③净锅上火，倒入花生油烧热，葱花爆香，下入鸡蛋炒至成块，下入柿子椒翻炒至变色，调入精盐，放入蛤蜊肉炒匀，盛出即可。

【制作关键】 蛤蜊肉汆烫至熟即可，不宜过火。

【贴心小提示】 柿子椒水分较大，更要用大火快炒至熟。适合6岁以上儿童食用。

虾皮韭菜爆红肠

【用料】 红肠1根，韭菜35克，虾皮15克，花生油8克，姜3克。

【制作】

①将红肠切成韭菜粗细的条备用。

②韭菜择洗净，切成段。虾皮用温水淘洗两遍，控水待用。

③净锅上火，倒入花生油烧热，姜、虾皮爆香，下入红肠稍炒，再下入韭菜炒熟，盛出即可。

【制作关键】 虾皮要用大火爆炒出香味，成菜后鲜味才会更足。

【贴心小提示】 虾皮要选咸味较轻的烹制给孩子食用。适合7岁以上儿童食用。

海米炒番茄肉

【用料】 番茄1个，猪肉35克，海米10克，花生油6克，精盐5克，葱、姜各2克，白糖2克，香油4克。

【制作】

①将番茄洗净，去蒂，切成小块。猪肉洗净，切成片备用。

②海米捡净杂质，用水泡透待用。

③净锅上火，倒入花生油烧热，葱、姜、海米爆香，下入猪肉煸炒，调入精盐、白糖，下入番茄炒熟，滴入香油，盛出即可。

【制作关键】 猪肉片要切得薄些，不然口味不好。

【贴心小提示】 番茄要选熟透、酸味较轻的给孩子烹制食用。适合7岁以上儿童食用。

青菜豆腐爆虾米

【用料】 青菜75克，豆腐50克，虾米15克，花生油8克，精盐4克，鸡粉2克，葱花5克。

【制作】

①将青菜择洗净，切成段。豆腐洗净，切成条备用。

②虾米用水泡透，洗净杂质待用。

③净锅上火，倒入花生油烧热，葱花、虾米炝香，下入豆腐煎炒一会儿，调入精盐、鸡粉，放入青菜炒熟，盛出即可。

【制作关键】 豆腐要用小火慢慢煎炒，防止破碎。

【贴心小提示】 虾米应选用较好的，而且鲜味更浓。适合6岁以上儿童食用。

三、少年篇

　　少年期分为少年前期和少年后期，一般就是我们常说的12岁以上15岁以下称之为少年前期，15岁以上18岁以下称之为少年后期，那么这两个时期应该怎样搭配饮食呢？其营养特点是，所获得的营养不仅是要维持生命活动和生活与劳动，更重要的是满足生长发育的需要，因此，所需要的能量和各种营养素的量相对比成人高，尤其是蛋白质、脂类、钙、锌和铁等营养素。只要合理安排膳食，就能从一日三餐中获得所需要的营养物质。

青椒炒洋葱

【用料】 洋葱100克，青椒1个，花生油8克，蚝油6克，味精2克，姜4克。

【制作】

①将洋葱去皮，洗净，切成丝备用。

②青椒洗净，去蒂、子，切成丝待用。

③净锅上火，倒入花生油烧热，下入洋葱爆香，调入蚝油、味精，下入青椒炒熟，盛出即可。

【制作关键】 洋葱要用大火快炒至熟，不然水分较多。

【贴心小提示】 烹制时可以随意加入猪肉、红肠等，口味更好。适合12岁以上少年食用。

洋葱炒红肠鸡蛋

【用料】 洋葱1个，红肠25克，鸡蛋1个，花生油10克，精盐6克，姜丝3克，香油2克。

【制作】

①将洋葱去皮，洗净，切成块备用。

②红肠切成片。鸡蛋打入碗内搅匀待用。

③净锅上火，倒入花生油烧热，姜丝、红肠炝锅，倒入鸡蛋炒至起块时，下入洋葱稍炒，调入精盐，翻炒至熟，滴入香油，盛入盘内即可。

【制作关键】 洋葱的块不要过大，火候也不要过大。

【贴心小提示】 洋葱不要选水分过大的炒制，葱香味较淡。适合12岁以上少年食用。

小红椒炒土豆丝

【用料】 土豆1个，小红椒3个，香菜1棵，花生油8克，葱花3克，精盐5克，味精2克，香油4克。

【制作】

①将土豆去皮，洗净，切成丝，用水淘洗备用。

②小红椒洗净，切成丝。香菜择洗净，切成段待用。

③净锅上火，倒入花生油烧热，葱花、小红椒炝香，倒入土豆丝翻炒2分钟，调入精盐、味精，撒入香菜炒匀，滴入香油，盛出即可。

【制作关键】 土豆丝要切得均匀些，不然成熟不统一，影响宝宝食用。

【贴心小提示】 土豆丝要用清水多淘洗几遍，不然容易糊锅。适合14岁以上少年食用。

芹菜醋熘土豆丝

【用料】 土豆100克，芹菜35克，大蒜2瓣，花生油6克，精盐4克，味精3克，香醋5克。

【制作】

①将土豆去皮，洗净，切成丝。芹菜择洗净，切成粗丝。大蒜去皮，洗净，切成末备用。

②锅上火倒入水烧开，放入土豆丝焯烫，捞起控水待用。

③净锅上火，倒入花生油烧热，蒜末炝锅，调入香醋，下入芹菜稍炒，调入精盐、味精，倒入土豆丝翻炒均匀，盛出即可。

【制作关键】 土豆丝焯烫得不要过大，要用大火快炒。

【贴心小提示】 炒时香醋要先烹入，这样土豆丝口感才会好。适合12岁以上少年食用。

肉末干煸芸豆

【用料】 芸豆150克，猪肉40克，小干辣椒5个，花生油10克，精盐4克，味精2克，白糖1克。

【制作】

①将芸豆择洗净，掰成段备用。

②猪肉洗净，切成末。小干辣椒洗净，切成段待用。

③净锅上火，倒入花生油烧热，小干辣椒爆香，下入猪肉煸炒至变色，再下入芸豆慢慢煸炒，调入精盐、味精、白糖炒熟，盛出即可。

【制作关键】 芸豆一定要用小火煸炒至熟，防止炒煳。

【贴心小提示】 芸豆要选较嫩的，辣椒不宜放得过多，根据宝宝的口味自行调整。适合15岁以上少年食用。

花椒爆芸豆丝

【用料】 芸豆175克，花椒5克，花生油12克，精盐3克，蚝油2克，鸡粉3克，葱、姜各2克。

【制作】
①将芸豆择洗净，切成丝。花椒用温水淘洗干净备用。
②锅内倒入水烧开，放入芸豆丝焯烫，捞起控水待用。
③净锅上火，倒入花生油烧热，葱、姜、花椒爆香，下入芸豆，调入精盐、蚝油、鸡粉炒熟，盛出即可。

【制作关键】 芸豆一定要焯烫至快熟，然后多炒一会使其入味。

【贴心小提示】 花椒里面泥沙较多，所以要用水淘洗干净，芸豆一定要炒熟才可食用。适合12岁以上少年食用。

雪菜炒肉丁

【用料】 雪菜3棵，猪肉50克，大蒜10瓣，花生油15克，酱油3克，鸡精2克，白糖1克，香油4克。

【制作】
①将雪菜洗净，切成小段，放在水内浸泡20分钟备用。
②猪肉洗净，切成丁。大蒜去皮，洗净，切成两半待用。
③净锅上火，倒入花生油烧热，大蒜炝香，下入猪肉煸炒至变色，调入酱油，下入雪菜，调入鸡精、白糖炒熟，滴入香油，盛出即可。

【制作关键】 炒肉丁时要小火慢炒，以防粘锅。

【贴心小提示】 雪菜要先用水泡一下，使其咸味变淡，可根据孩子胃口添加辣椒等。适合13岁以上少年食用。

拌豆油皮

【用料】 干豆皮35克，胡萝卜半根，精盐5克，味精3克，花椒油6克。

【制作】
①将干豆皮用温水泡透，洗净，切成丝。胡萝卜洗净，去皮，切成丝备用。
②锅内倒入水烧开，放入豆皮焯烫，捞起投凉，控净水分待用。
③将豆皮、胡萝卜放在盛器内，调入精盐、味精、花椒油拌匀，盛入盘内即可。

【制作关键】 干豆皮要用水充分泡透，不然成菜口味不好。

【贴心小提示】 干豆皮最好选肉质厚的拌食，也可以放入辣椒油等调味料。适合12岁以上少年食用。

豆油皮炒香菜

【用料】 豆油皮40克，香菜25克，花生油10克，精盐6克，鸡精3克，葱、姜各2克，香油4克。

【制作】
①将豆油皮用水泡透，洗净杂质。香菜择洗净，切成段备用。
②锅上火倒入水烧开，放入豆油皮焯烫，捞起控净水分待用。
③净锅上火，倒入花生油烧热，葱、姜爆香，下入香菜稍炒，调入精盐、鸡精，下入豆油皮炒匀，滴入香油，盛出即可。

【制作关键】 豆油皮要挤净水分，防止成菜水分过大。

【贴心小提示】 不要选劣质的豆油皮，里面杂质过多，食用有害健康。适合12岁以上少年食用。

芹菜肉丝炒豆皮

【用料】 豆油皮100克，芹菜1棵，猪肉50克，花生油12克，精盐3克，酱油5克，味精1克，蒜末4克，花椒油2克。

【制作】
①将豆干洗净，切成块备用。
②芹菜择洗净，切成段。猪肉洗净，切成丝待用。
③净锅上火，倒入花生油烧热，蒜末爆香，下入猪肉煸炒至变色，调入酱油，下入芹菜炒一下，调入精盐、味精，再下入豆干炒至入味，滴入花椒油，盛出即可。

【制作关键】 芹菜炒的火候不能过大，成熟即可。

【贴心小提示】 猪肉丝不要切得过细，小火慢炒即可。适合12岁以上少年食用。

香菜粉丝拌豆干

【用料】 豆干75克，香菜2棵，粉丝15克，辣椒油8克，精盐5克，鸡精2克，香醋3克。

【制作】
①将豆干洗净，切成丝。香菜择洗净，切成段。粉丝用水泡透，切成段备用。
②净锅上火倒入水烧开，放入豆干焯烫，捞起过凉控水待用。
③将豆干、香菜、粉丝倒入盛器内，调入辣椒油、精盐、鸡精、香醋拌匀，盛入盘内即可。

【制作关键】 粉丝要用凉水泡透，不然成菜口感不好。

【贴心小提示】 辣椒油可以根据实际口味自由添加，不宜太辣。适合14岁以上少年食用。

凉拌豆腐

【用料】 嫩豆腐150克，葱30克，精盐6克，味精4克，香油2克，老醋1克。

【制作】
①将嫩豆腐洗净，切成丁。葱去皮，洗净，切碎备用。
②锅上火倒入水烧开，放入嫩豆腐焯烫，捞起稍凉待用。
③将嫩豆腐、葱倒入盛器内，调入精盐、味精、香油、老醋拌匀，盛入盘内即可。

【制作关键】 嫩豆腐经过焯烫，成菜口味更好。

【贴心小提示】 嫩豆腐不要用冷水投凉，应自然凉透。适合12岁少年食用。

松花蛋蒜泥拌豆腐

【用料】 内酯豆腐200克，松花蛋1个，大蒜5瓣，鲜味酱油10克，醋8克，香油5克。

【制作】
①将内酯豆腐洗净，切成片。松花蛋去皮，洗净，切成丁。大蒜去皮，洗净，捣成蒜泥备用。
②蒸锅上火，放入切好的内酯豆腐蒸3分钟，取出稍凉待用。
③将蒜泥用鲜味酱油、醋、香油调匀，放入松花蛋拌匀，浇在盘内的豆腐上即可。

【制作关键】 内酯豆腐先蒸一下，成菜就更加美味了。

【贴心小提示】 内酯豆腐不要蒸得过火，蒸透即可。适合12岁以上少年食用。

麻辣豆腐

【用料】 豆腐350克，香菜1棵，干辣椒8克，花生油12克，酱油6克，精盐2克，鸡粉4克，葱、姜各2克，花椒面10克。

【制作】
①将豆腐洗净，切成条。香菜择洗净，切成段。干辣椒洗净，切成节备用。
②锅上火倒入水，放入豆腐焯烫，捞起控水待用。
③净锅上火，倒入花生油烧热，葱、姜、干辣椒炝香，下入豆腐翻炒，调入酱油、精盐、鸡粉、花椒面，倒入少许水煨一下，撒入香菜炒匀，盛出即可。

【制作关键】 豆腐要用小火烧一会儿，使其充分入味。

【贴心小提示】 烹制时可以用辣酱等调味料，这样做更好吃。适合13岁以上少年食用。

酸辣汤

【用料】 豆腐100克，木耳15克，粉丝10克，鸡蛋1个，花生油10克，精盐4克，酱油3克，鸡粉2克，香油4克，胡椒粉10克，米醋12克，葱花3克，香菜5克。

【制作】

①将豆腐洗净，切成条。木耳、粉丝均用水泡透。鸡蛋打入碗内搅匀备用。

②将木耳洗净，切成丝。粉丝洗净，切成段待用。

③净锅上火，倒入花生油烧热，葱花爆香，下入豆腐稍炒，倒入水，调入精盐、酱油、鸡粉，下入木耳、粉丝烧开，浇入鸡蛋至熟，再调入胡椒粉、米醋，撒入香菜搅匀，盛出即可。

【制作关键】 豆腐要先炒一下，调入胡椒粉要充分搅匀。

【贴心小提示】 制作时可以放入一些其他青菜及辣椒油等。适合12岁以上少年食用。

肉片家常豆腐

【用料】 豆腐150克，猪肉30克，青椒1个，花生油200克（实耗不多），干辣椒4个，蚝油6克，精盐2克，味精4克，白糖2克，葱、姜各3克。

【制作】

①将豆腐洗净，切成片。猪肉洗净，切成片。青椒洗净、去蒂、子，掰成块。干辣椒洗净，切成节备用。

②净锅上火，倒入花生油烧热，放入豆腐炸至外表发黄，捞起控油待用。

③锅里面留少许油，葱、姜、干辣椒炝香，下入猪肉煸炒，调入蚝油，下入青椒、豆腐，调入精盐、味精、白糖，倒入少许水煨至入味，盛出即可。

【制作关键】 豆腐的片不要过薄，否则成菜口感不好。

【贴心小提示】 制作时豆腐可以用油煎至变色，成菜口味也很好。适合13岁以上少年食用。

牛肉酱烧豆腐

【用料】 豆腐200克，青菜30克，花生油10克，牛肉酱12克，白糖2克，蒜末5克。

【制作】

①将豆腐洗净，切成块。青菜洗净，切成段备用。

②锅内倒入水烧开，放入豆腐焯烫，捞起控水待用。

③净锅上火，倒入花生油烧热，蒜末、牛肉酱爆香，下入豆腐、青菜，调入白糖炒匀，盛出即可。

【制作关键】 豆腐要焯透，才能更好地入味。

【贴心小提示】 牛肉酱要用小火炒香，下入豆腐后要用大火快炒。适合12岁以上少年食用。

红椒炒油菜

【用料】 油菜400克，小红椒5个，大葱6克，花生油8克，精盐6克，味精3克，香油2克。

【制作】

①将油菜择洗净，切上十字花刀。小红椒洗净，切成丝。大葱去皮，洗净，切成片备用。

②锅上火倒入水烧开，放入油菜焯水，捞起控净水分待用。

③净锅上火，倒入花生油烧热，小红椒、大葱爆香，下入油菜，调入精盐、味精大火炒匀，滴入香油，盛出即可。

【制作关键】 油菜焯烫得不要过大，防止口感色泽不好。

【贴心小提示】 选油菜时尽量不要个儿过大的，其水分过多。适合12岁以上少年食用。

蒜粒爆油菜

【用料】 油菜350克，大蒜6瓣，花生油12克，精盐3克，蚝油4克，鸡粉2克，花椒油3克。

【制作】

①将油菜择洗净。大蒜去皮，洗净，切成粒备用。

②锅上火倒入水，放入油菜焯烫，捞起控水待用。

③净锅上火，倒入花生油烧热，蒜粒炝香，调入蚝油，下入油菜，调入精盐、鸡粉、花椒油翻炒均匀，盛出即可。

【制作关键】 大蒜要先爆炒出香味，成菜才会味道好。

【贴心小提示】 油菜水分大，可以用勺子轻轻压一下即可排除。适合12岁以上少年食用。

芹菜烹炒海米

【用料】 芹菜4棵，老姜6克，海米10克，花生油8克，精盐7克，鸡精2克，香油4克。

【制作】

①将芹菜择洗净，切成段。老姜去皮，洗净，切成丝备用。

②海米用水泡透，洗净控水待用。

③净锅上火，倒入花生油烧热，姜丝、海米爆香，下入芹菜烹炒，调入精盐、鸡精炒熟，滴入香油，盛出即可。

【制作关键】 芹菜炒至翠绿即可。

【贴心小提示】 芹菜不要选用过大的，其味道很淡。适合12岁以上少年食用。

清炒芹菜

【用料】 芹菜175克，葱白10克，花生油8克，精盐5克，味精2克，醋1克。

【制作】
①将芹菜择洗净，切成段备用。
②葱白去皮，洗净，切成片待用。
③净锅上火，倒入花生油烧热，葱爆香，下入芹菜稍炒，调入精盐、味精、醋炒熟，盛出即可。

【制作关键】 芹菜要用大火快炒，成菜口感才会清脆。

【贴心小提示】 炒芹菜时醋不要加得过多。适合12岁以上少年食用。

芹菜炝拌两样

【用料】 芹菜250克，豆干2块，洋葱15克，精盐6克，鲜味酱油2克，花椒油8克。

【制作】
①将芹菜择洗净，切成段。豆干洗净，切成条。洋葱去皮，洗净，切成条备用。
②净锅上火倒入水烧开，将芹菜、豆干分别焯烫，捞起投凉控水待用。
③将芹菜、豆干、洋葱倒入盛器内，调入精盐、鲜味酱油、花椒油拌匀，盛出即可。

【制作关键】 芹菜稍烫即可，不宜过大。

【贴心小提示】 可以根据孩子口味添加辣椒油等也是非常美味的。适合12岁以上少年食用。

茭瓜虾皮煎蛋饼

【用料】 茭瓜1根，鸡蛋3个，虾皮15克，葱10克，花生油20克，精盐3克。

【制作】
①将茭瓜洗净，切成丝。虾皮用水清洗。葱去皮，洗净，切成碎末备用。
②将茭瓜、虾皮、葱末放在盛器内，打入鸡蛋，调入精盐搅匀待用。
③净锅上火，倒入花生油烧热，倒入调好的茭瓜煎成饼至熟即可。

【制作关键】 煎茭瓜饼时不要用大火，应用小火慢慢煎熟。

【贴心小提示】 茭瓜要选嫩的制作口味才会好。适合12岁以上少年食用。

肉末炒荽瓜

【用料】 荽瓜250克，猪肉50克，大蒜3瓣，花生油10克，精盐6克，鸡粉2克，酱油3克。

【制作】
①将荽瓜洗净，切成片备用。
②猪肉洗净，切成末。大蒜去皮，洗净，切成片待用。
③净锅上火，倒入花生油烧热，大蒜炝香，下入猪肉煸炒2分钟，调入酱油，下入荽瓜稍炒，调入精盐、鸡粉炒熟，滴入香油，盛出即可。

【制作关键】 猪肉末要用小火慢炒，防止煳锅。

【贴心小提示】 荽瓜炒的火候不能过大，成熟即可。适合12岁以上少年食用。

松子甜米粒

【用料】 甜玉米粒（罐装）200克，黄瓜半根，松子15克，柠檬汁10克，白糖8克。

【制作】
①将甜玉米粒洗净。黄瓜洗净，切成丁备用。
②松子捡净杂质，放在油锅内炒熟待用。
③净锅上火，倒入柠檬汁，调入白糖，下入黄瓜煨一下，倒入甜玉米粒炒匀，撒入松子翻炒，盛出即可。

【制作关键】 柠檬汁调入白糖后要熬一下，这样口味才会更佳。

【贴心小提示】 松子要凉油下入，小火慢炒防止炒煳。适合12岁以上少年食用。

蛋奶花生糊

【用料】 花生酱35克，鲜奶20克，冰糖10克，水淀粉适量。

【制作】
①将花生酱用纯净水搅拌均匀备用。
②鲜奶倒在碗内。冰糖用刀拍碎备用。
③锅内倒入调好的花生酱，调入冰糖烧开，倒入鲜奶至溶化，用水淀粉勾芡搅匀，盛出即可。

【制作关键】 花生酱容易煳锅，所以要不停地搅动。

【贴心小提示】 勾芡要均匀，不可有凝固的块状。适合12岁以上少年食用。

米粒素炒三样

【用料】 玉米粒100克，芹菜1棵，枸杞子8克，花生油10克，精盐5克，味精2克，白糖1克，葱花4克，香油2克。

【制作】

①将芹菜择洗净，切成玉米粒大小的丁。枸杞子用水泡透备用。

②锅上火倒入水，放入玉米粒煮熟，捞起控水待用。

③净锅上火，倒入花生油烧热，葱花爆香，下入芹菜、枸杞子稍炒，调入精盐、味精、白糖，下入玉米粒炒匀，滴入香油，盛出即可。

【制作关键】 芹菜不要炒得过大，不然口感色泽都不好。

【贴心小提示】 玉米粒可以用熟的玉米棒，成菜口味更好。适合15岁以上少年食用。

水煮肉片

【用料】 猪肉175克，青菜125克，大蒜6瓣，花生油12克，精盐8克，鸡粉3克，花椒粒2克，辣椒碎15克。

【制作】

①将猪肉洗净，切成片。青菜洗净。大蒜去皮，洗净，切碎备用。

②净锅上火，倒入花生油烧热，蒜末、花椒粒爆香，下入青菜，倒入水，调入精盐、鸡粉烧开。捞起盛在碗内，再下入猪肉煮熟，捞起盖在青菜上，加入适量汤，撒入辣椒碎待用。

③净锅上火，倒入花生油烧热，均匀地浇在辣椒碎上即可。

【制作关键】 青菜煮得不要过火，猪肉要切得薄些。

【贴心小提示】 烹制时可以用各种辣椒酱。适合15岁以上少年食用。

麻辣肉片

【用料】 猪肉150克，大头菜100克，葱花8克，花生油12克，辣椒酱10克，味精3克，花椒面10克。

【制作】

①将猪肉洗净，切成片备用。

②大头菜洗净，掰成块待用。

③净锅上火，倒入花生油烧热，葱花炝香，下入猪肉稍炒，调入辣椒酱，下入大头菜，调入花椒面炒熟，盛出即可。

【制作关键】 猪肉要用小火炒，防止口感变老。

【贴心小提示】 大头菜要选用肉质较薄的烹制。适合14岁以上少年食用。

熘炒肉段

【用料】 猪瘦肉125克，黄瓜1根，花生油8克，蚝油6克，精盐2克，鸡粉4克，葱、姜各2克，香油5克，水淀粉3克。

【制作】

①将猪瘦肉洗净，切成条，用精盐腌制15分钟。黄瓜洗净，切成条备用。

②锅上火倒入水，下入猪瘦肉煮熟，捞起控水待用。

③净锅上火，倒入花生油烧热，葱、姜爆香，下入黄瓜翻炒，调入蚝油、鸡粉，下入猪瘦肉稍炒，调入水淀粉勾芡，滴入香油，盛出即可。

【制作关键】 猪瘦肉要先腌制使其有味道，然后再烹制。

【贴心小提示】 勾芡时水淀粉要搅匀，否则芡不匀，影响食用。适合13岁以上少年食用。

鱼香肉丝

【用料】 猪肉125克，尖椒1个，土豆半个，花生油25克，辣酱12克，味精2克，白糖10克，米醋8克，葱、姜各5克，湿淀粉8克。

【制作】

①将猪肉洗净，切成丝。尖椒洗净，去子、蒂，切成丝。土豆去皮，洗净，切成丝备用。

②猪肉用湿淀粉拌匀，放在油锅内炒熟，盛出待用。

③锅内倒入花生油烧热，葱、姜炝香，调入辣酱炒一下，下入土豆丝炒一会儿，调入味精、白糖、米醋，下入尖椒、猪肉翻炒，用湿淀粉勾芡，盛出即可。

【制作关键】 猪肉要用小火慢炒，否则肉质会变得很老。

【贴心小提示】 可以根据孩子口味用其他配料烹制。适合14岁以上少年食用（12岁以上也宜食用）。

糖 醋 里 脊

【用料】 猪里脊肉200克，鸡蛋1个，淀粉适量，花生油350克（实耗不多），精盐6克，味精2克，白糖10克，醋12克，酱油5克，水淀粉4克。

【制作】

①将猪里脊肉洗净，切成条，用精盐、味精腌制一会儿。青豆洗净备用。

②鸡蛋打入碗内，加入淀粉搅匀，放入猪里脊再拌匀待用。

③净锅上火，倒入花生油烧热，下入猪里脊炸熟，捞起控油待用。

④锅内留油，调入醋、酱油、白糖至溶化，下入猪里脊，用水淀粉勾芡翻炒均匀，盛出即可。

【制作关键】 炸里脊时油温不要过高，防止炸煳，可以把汁盛在小碗内蘸食口味更佳。

【贴心小提示】 勾芡时火不宜过大，要迅速翻炒使芡汁能均匀地裹在里脊上。适合12岁以上儿童食用。

里 脊 丝 爆 芹 菜

【用料】 猪里脊125克，芹菜2棵，花生油8克，蚝油5克，精盐2克，蒜末4克，香油2克。

【制作】

①将猪里脊洗净，切成丝。芹菜择洗净，切成段备用。

②锅内倒入水烧开，放入芹菜焯烫，捞起控净水待用。

③净锅上火，倒入花生油烧热，蒜末炝锅，下入猪里脊煸炒，调入蚝油，下入芹菜，调入精盐炒熟，滴入香油，盛出即可。

【制作关键】 芹菜焯烫时一定不要过大。

【贴心小提示】 可以根据孩子的口味加入辣椒等作料。适合12岁以上少年食用。

青椒芹菜炒肉片

【用料】 猪肉100克，青椒1个，芹菜1棵，花生油10克，酱油4克，精盐2克，味精3克，葱、姜各2克，花椒油5克。

【制作】

①将猪肉洗净，切成片备用。

②青椒洗净，去蒂、子，掰成块。芹菜择洗净，切成段待用。

③净锅上火，倒入花生油烧热，葱、姜炝香，下入猪肉煸炒至变色，调入酱油，下入青椒、芹菜稍炒，调入精盐、味精炒熟，滴入花椒油，盛出即可。

【制作关键】 猪肉片尽量切得薄些，这样才会更好吃。

【贴心小提示】 猪肉要选用前腿或者里脊肉，其他的肉容易炒老。适合13岁以上少年食用。

牛肉酱爆炒鸡丁

【用料】 鸡胸肉1块，黄瓜1个，葱10克，牛肉酱12克，花生油8克，精盐2克，鸡粉4克。

【制作】

①将鸡胸肉洗净，切成丁。黄瓜洗净，切成丁。葱去皮，洗净，切成丁备用。

②锅内倒入水烧开，放入鸡胸肉汆烫3分钟，捞起控净水待用。

③净锅上火，倒入花生油烧热，葱炝香，下入鸡胸肉煸炒，调入牛肉酱慢火炒至快熟时，下入黄瓜丁，调入精盐、鸡粉续炒至熟，盛出即可。

【制作关键】 牛肉酱较容易煳锅，所以炒时要特别注意。

【贴心小提示】 鸡胸肉丁不宜过大，可以切得小点来缩短成熟时间。适合12岁以上少年食用。

番茄鸡肉炒蛋

【用料】 鸡胸肉150克，番茄2个，鸡蛋1个，花生油15克，精盐8克，葱花6克，香油4克，香菜2克。

【制作】

①将鸡胸肉洗净，切成片。番茄洗净，去蒂，切成块。鸡蛋打入碗内搅匀备用。

②锅上火倒入水烧开，放入鸡胸肉氽熟，捞起控水待用。

③净锅上火，倒入花生油烧热，葱花爆香，倒入鸡蛋炒成块，下入番茄续炒，调入精盐，下入鸡胸肉炒熟，撒入香菜，滴入香油，盛入盘内即可。

【制作关键】 鸡胸肉氽熟即可，不宜过大。

【贴心小提示】 鸡蛋炒成块，要及时下入番茄，不然鸡蛋会变得很老。适合12岁以上少年食用。

红 烧 鸡 块

【用料】 三黄鸡350克，柿子椒1个，花生油12克，精盐6克，酱油8克，白糖2克，葱、姜各4克，香油3克。

【制作】

①将三黄鸡洗净，斩成均匀的块。柿子椒洗净，去蒂、子，掰成块备用。

②锅上火倒入水烧开，放入三黄鸡氽烫5分钟，捞起洗净待用。

③净锅上火，倒入花生油烧热，葱、姜炝香，下入三黄鸡煸炒，调入酱油、精盐、白糖，倒入少许水烧至成熟，下入柿子椒炒匀，滴入香油，盛出即可。

【制作关键】 三黄鸡氽水要久些，不然成菜有腥味。

【贴心小提示】 柿子椒不要下入过早，防止口感不好（14岁以上均可食用。儿童也可食用，但量不宜过大）。

鸡块冬菇烧粉丝

【用料】 鸡肉200克，粉丝12克，冬菇10朵，大蒜6瓣，花生油8克，精盐4克，蚝油6克，老姜3克，味精2克。

【制作】
①将鸡肉洗净，斩成块。粉丝泡透洗净，切成段。冬菇用水泡透，洗净，去蒂，片成片。大蒜去皮，洗净备用。
②锅上火倒入水，放入鸡块汆水，捞起洗净控水待用。
③锅上火，倒入花生油烧热，大蒜、老姜、冬菇爆香，下入鸡块煸炒，调入蚝油、精盐、味精翻炒，加入适量水至熟，再下入粉丝至熟，盛出即可。

【制作关键】 鸡块要多煸炒一会儿，这样成菜味道才会更好。

【贴心小提示】 冬菇要用温水泡透，不要洗的过多，否则香味会变得很淡。适合13岁以上少年食用。

孜 然 鸡 心

【用料】 新鲜鸡心400克，洋葱20克，香菜1棵，花生油15克，精盐8克，孜然10克。

【制作】
①将新鲜鸡心洗净。洋葱去皮，洗净，切成末。香菜择洗净，切成段备用。
②锅上火倒入水，放入鸡心汆烫至八成熟，捞起洗净控水待用。
③净锅上火，倒入花生油烧热，下入洋葱炝香，下入鸡心煸炒，调入精盐、孜然续炒至熟，撒入香菜，盛出即可。

【制作关键】 鸡心汆水要彻底，要用小火慢慢煸炒至熟。

【贴心小提示】 处理鸡心时上面的白脂要去除干净。适合12岁以上少年食用。

鸡心炒两样

【用料】 鸡心350克，芹菜1棵，木耳20克，花生油12克，精盐6克，酱油3克，葱、姜各2克，花椒5粒。

【制作】
①将鸡心洗净，片开。芹菜择洗净，切成段。木耳泡透，洗净杂质，撕成小块备用。
②锅上火倒入水，下入鸡心汆烫至快熟，捞起洗净控水待用。
③净锅上火，倒入花生油烧热，葱、姜、花椒爆香，下入鸡心煸炒2分钟，调入酱油，下入芹菜、木耳翻炒，再调入精盐炒熟，盛出即可。

【制作关键】 鸡心汆水后要洗净上面的杂质，不然成菜会有异味。

【贴心小提示】 木耳要选好的，成菜口感、味道都很好。适合13岁以上少年食用。

——芝麻虾球——

【用料】 大虾仁200克，芝麻5克，精盐4克，料酒3克，胡椒粉5克，淀粉12克，香炸粉4克，鸡蛋1个。

【制作】

①将大虾仁洗净，用刀从背部切入2/3处，调入料酒、精盐、胡椒粉，腌渍15分钟备用。

②腌渍好的虾仁控去多余的水分，打入鸡蛋，加入淀粉、香炸粉抓匀，每个大虾仁均匀地粘上芝麻待用。

③锅上火倒入油，烧至六成热，将大虾仁下入炸至成熟，捞起控净油分即可。

【制作关键】 虾仁要用较大的，小火慢慢炸熟。

【贴心小提示】 大虾要选用新鲜的、芝麻要充分裹匀。适合12岁以上少年食用。

——麻香酥肉——

【用料】 猪瘦肉150克，精盐6克，鸡粉3克，鸡蛋1个，淀粉12克，白芝麻8克。

【制作】

①将猪瘦肉洗净，切成片，调入精盐、鸡粉，打入鸡蛋拌匀，加入淀粉抓匀备用。

②将加入调料拌匀的肉片均匀地拍入白芝麻待用。

③净锅上火，倒入油烧热，下入猪瘦肉炸至成熟，捞起控净油即可。

【制作关键】 炸猪肉时油温不要过高，防止炸煳。

【贴心小提示】 猪肉最好选里脊或者猪前腿肉，成菜口感味道好。适合13岁以上少年食用。

芝 麻 菠 菜

【用料】 菠菜250克，精盐6克，味精3克，香油5克，熟芝麻2克。

【制作】

①将菠菜洗净，切段备用。

②菠菜放入沸水焯烫过凉，控净水待用。

③将菠菜调入精盐、味精、香油、熟芝麻拌匀即可。

【制作关键】 菠菜焯水不要过大，否则口感不好。

【贴心小提示】 拌菠菜时水分一定要控净。适合12岁以上少年食用。

盐 味 开 心 果

【用料】 开心果150克，精盐6克，油50克。

【制作】

①将开心果洗净，控净水分待用。

②锅上火倒入油，下入开心果慢火炒至快熟时，调入精盐再续炒至熟即可。

【制作关键】 开心果清洗后要稍微凉一下，不然成菜口感不好。

【贴心小提示】 开心果要小火慢慢炒至成熟，防止外煳内生。适合14岁以上少年食用。

心 心 相 印

【用料】 开心果100克，鸡心90克，精盐4克，蚝油3克，白糖2克，葱、姜各4克。

【制作】

①将开心果取肉。鸡心洗净备用。

②锅上火倒入水烧开，下入鸡心氽水，捞起洗净待用。

③净锅上火，倒入油烧热，葱、姜爆香，下入鸡心煸炒几下，调入蚝油、精盐、白糖炒至成熟，下入开心果再炒匀即可。

【制作关键】 鸡心氽水要彻底，不然成菜腥味较重。

【贴心小提示】 开心果可以直接选用成品烹制。适合15岁以上少年食用。

嫩油菜拌开心果

【用料】 嫩油菜200克，开心果100克，精盐6克，鸡精2克，花椒油4克。

【制作】
①将嫩油菜洗净，切段。开心果取肉备用。
②锅上火倒入水烧开，下入嫩油菜焯烫，捞起过凉控净水待用。
③把嫩油菜、开心果调入精盐、鸡精、花椒油拌匀即可。

【制作关键】 油菜稍微烫一下即可，火候不宜过大。

【贴心小提示】 烹制时油菜一定要挤净水分，否则成菜水分太大。适合12岁以上少年食用。

开心富贵虾

【用料】 鲜虾150克，开心果50克，菜心25克，精盐6克，葱、姜各2克，酱油3克。

【制作】
①将鲜虾洗净，在背部剂一刀备用。
②开心果取肉。菜心洗净待用。
③锅上火倒入油，葱、姜爆香，下入鲜虾烹炒几下，调入精盐、酱油，倒入少许水烧开，下入菜心至熟，撒入开心果即可。

【制作关键】 鲜虾在背部切入的刀口要深，否则入味不好。

【贴心小提示】 烹制时可以把鲜虾腌制一下。适合13岁以上少年食用。

油炒花生

【用料】 花生米200克，精盐5克，油30克。

【制作】
①将花生米盛在盘内待用。
②锅上火倒入油，下入花生米慢火炒至成熟，控净油分，装盘撒入精盐即可。

【制作关键】 花生米要凉油下入，然后慢火至熟。

【贴心小提示】 锅内的油要滑匀，然后小火炒熟。适合12岁以上儿童食用。

麻 辣 花 生

【用料】 花生米150克，精盐4克，辣椒油7克，花椒油5克。

【制作】

①花生米用温水泡透，洗净备用。

②锅上火倒入水，调入精盐烧开，下入花生米煮至成熟，捞起待用。

③将煮好的花生米用辣椒油、花椒油拌匀即可。

【制作关键】 煮花生米时水要一次加足，不宜中途加水。

【贴心小提示】 花生米要提前用水泡透至没有硬心。适合12岁以上少年食用。

黄瓜葱味花生

【用料】 水煮花生米100克，大葱30克，黄瓜25克，精盐6克，味精3克，香油5克。

【制作】

①大葱洗净，切丁备用。

②黄瓜洗净，切丁待用。

②将水煮花生米、大葱、黄瓜用精盐、味精、香油拌匀即可。

【制作关键】 黄瓜要选用较嫩的拌食。

【贴心小提示】 拌制时可以加入辣椒等材料，口味更加独特。适合13岁以上少年食用。

老醋木耳花生

【用料】 油炸花生米125克，水发黑木耳10克，黄瓜8克，精盐6克，味精4克，白糖2克，香油5克，老陈醋8克。

【制作】

①水发黑木耳择洗净，切丁备用。

②黄瓜洗净，切丁待用。

③将精盐、味精、白糖、老陈醋、香油调匀，加入油炸花生米、水发黑木耳、黄瓜拌匀即可。

【制作关键】 调味料要先调制均匀，否则口味不好。

【贴心小提示】 花生米不要炸得过火，要冷却后再进行拌制。适合14岁以上少年食用。

蒜泥粉丝菠菜

【用料】 菠菜200克，水发粉丝50克，精盐6克，味精2克，蒜泥8克，香油3克。

【制作】

①菠菜择洗净，切段。水发粉丝切段备用。

②锅上火倒入水烧开，下入菠菜焯水，捞起过凉，控净水分待用。

③将蒜泥、精盐、味精、香油调匀，加入菠菜、粉丝拌匀即可。

【制作关键】 菠菜焯水不宜过火，色泽变绿即可。

【贴心小提示】 蒜泥要先搅拌均匀，不然成菜口味不匀。适合12岁以上少年食用。

菠菜虾仁汤

【用料】 菠菜175克，虾仁50克，精盐7克，味精4克，姜丝5克，香油4克，油12克。

【制作】
①菠菜择洗净，切段。虾仁洗净备用。
②锅上火倒入水烧开，下入菠菜烫一下，捞起控净水分待用。
③净锅上火，倒入油烧热，姜丝炝香，下入虾仁炒一下，倒入水，下入菠菜，调入精盐、味精烧开，淋入香油即可。

【制作关键】 虾仁不要炒得过火，防止肉质变老。

【贴心小提示】 菠菜要选购嫩而新鲜的拌制食用。适合13岁以上少年食用。

菠菜炒鸽蛋

【用料】 菠菜250克，鸡蛋2个，精盐6克，葱、姜各3克，油12克。

【制作】
①菠菜择洗净备用。
②菠菜入沸水焯烫，捞起控净水，切成末，打入鸡蛋，调入精盐、葱、姜搅匀待用。
③净锅上火，倒入油烧热，下入搅好的蛋液炒至成熟即可。

【制作关键】 鸡蛋搅得不要过大，搅匀即可。

【贴心小提示】 要用大火快炒至熟。适合12岁以上少年食用。

桂圆小米粥

【用料】 桂圆10克，小米45克，红糖8克。

【制作】
①桂圆去皮，洗净，用水稍泡备用。
②小米淘洗净待用。
③粥锅上火倒入水，下入桂圆、小米小火熬制浓稠，调入红糖搅匀即可。

【制作关键】 桂圆泡得不要过大，防止味道变淡。

【贴心小提示】 小米容易煳锅，所以要用小火熬制并搅动。适合12岁以上少年食用。

桂圆煲鸡脚

【用料】 桂圆15克，鸡脚4只，精盐5克，菜叶12克。

【制作】

①桂圆去皮，洗净，浸泡备用。

②鸡脚洗净，用开水烫一下，洗净待用。

③锅上火倒水，下入桂圆、鸡脚，调入精盐煲至成熟，撒入菜叶即可。

【制作关键】 鸡脚要多汆一会儿，去除腥味。

【贴心小提示】 鸡脚可以斩开煲制，营养更加丰富。适合14岁以上少年食用。

三 圆 粥

【用料】 桂圆20克，大枣12克，葡萄干10克，大米25克，红糖7克。

【制作】

①桂圆去皮，洗净。大枣用温水洗净。葡萄干洗净备用。

②大米淘洗净待用。

③粥锅上火倒入水，下入桂圆、大枣、葡萄干、大米烧开，小火煲至浓稠，调入红糖搅匀即可。

【制作关键】 桂圆要选肉质饱满的煲粥。

【贴心小提示】 红糖不要加的过多，不然味道会很差。适合13岁以上少年食用。

桂圆煲金豆

【用料】　桂圆 20 克，黄豆 15 克，冰糖 8 克。

【制作】

①桂圆去皮，洗净备用。

②黄豆洗净，用温水泡透至膨胀待用。

③锅上火倒入水，下入桂圆、黄豆小火煲至快熟，调入冰糖至熟即可。

【制作关键】　黄都要提前一天浸泡，否则很难泡透。

【贴心小提示】　对于发育成长中得孩子应该经常食用。适合 13 岁以上少年食用。

大 葱 拌 鸭

【用料】　烤鸭 150 克，大葱 1 棵，精盐 4 克，生抽 1 克，辣椒油 10 克，香醋 3 克。

【制作】

①烤鸭切成粗丝备用。

②大葱洗净，切成丝待用。

③将烤鸭、大葱调入精盐、生抽、辣椒油、香醋拌匀即可。

【制作关键】　烤鸭切得不要过细，防止口感不好。

【贴心小提示】　对身体虚弱的孩子有很好的食用作用。适合 14 岁以上少年食用。

风味干煸鸭

【用料】　鸭腿肉 200 克，香菜 20 克，精盐 8 克，味精 2 克，胡椒粉 6 克，料酒 4 克，淀粉 15 克，干辣椒 10 个，油 50 克。

【制作】

①鸭腿肉洗净，斩块，调入精盐、味精、胡椒粉、料酒腌制 15 分钟，控净水分，再加入淀粉拌匀。香菜择洗净，切段备用。

②锅上火倒入油烧热，下入鸭块炸至成熟，捞起控油待用。

③锅内留少许油，下入干辣椒煸香，下入鸭块翻炒，撒入香菜段炒匀即可。

【制作关键】　鸭腿肉块不要过大，还要注意不要炸煳。

【贴心小提示】　鸭腿肉腌制得越久味道越好，对于孩子体重超标的不宜多食。适合 15 岁以上少年食用。

鸭丝炒双芽

【用料】 鸭肉300克，绿豆芽、豆苗各25克，精盐7克，鸡精3克，葱、姜各2克，香油6克，油20克。

【制作】

①鸭肉洗净切丝。绿豆芽、豆苗去根，洗净待用。

②绿豆芽、豆苗放在水内焯烫，控水待用。

③锅上火倒入油，葱、姜爆香，下入鸭肉煸炒至变色，下入绿豆芽、豆苗，调入精盐、鸡精炒至成熟，淋入香油即可。

【制作关键】 两种豆芽都不要焯水过大，不然口感不是很好。

【贴心小提示】 鸭肉丝不宜过细，防止炒碎影响孩子食用。适合13岁以上少年食用。

老鸭煲

【用料】 老鸭500克，萝卜135克，精盐8克，葱、姜各3克，鸡精4克，酱油3克，油30克。

【制作】

①老鸭洗净，斩块。萝卜洗净，切块备用。

②锅上火倒入水，下入老鸭汆水，捞起洗净，控净水待用。

③净锅上火倒入油，葱、姜爆香，下入鸭肉稍炒，调入酱油再炒几下，下入萝卜同炒，倒入水适量，调入精盐、鸡精煲至成熟即可。

【制作关键】 老鸭要用小火慢慢煲至成熟，成菜营养才会更丰富。

【贴心小提示】 老鸭要汆水久一些，这样才会将部分脂肪去除。适合15岁以上少年食用。

滑炒鱼片

【用料】 鱼肉250克，菜心100克，精盐7克，味精2克，鸡蛋清1个，葱、姜、蒜各5克，胡椒粉4克，淀粉15克。

【制作】

①鱼肉洗净，切片，加入鸡蛋清、淀粉抓匀。菜心洗净备用。

②锅上火倒入油烧热，下入鱼片滑散至熟，捞起控净油待用。

③锅内留一点油，葱、姜、蒜炒香，下入菜心，调入精盐、味精、胡椒粉，下入鱼片炒匀即可。

【制作关键】 鱼肉片要轻轻滑散至熟，防止肉质破碎。

【贴心小提示】 鱼肉要顺着花纹片，这样就不会破碎了。适合14岁以上少年食用。

油浇鱼

【用料】 鱼头1个，精盐10克，味精4克，料酒8克，葱丝、姜丝各3克，干辣椒节6克，酱油3克。

【制作】

①鱼头宰杀干净，调入精盐、味精、料酒腌制20分钟备用。

②蒸锅上火，放入鱼头蒸制15分钟取出，调入酱油，撒入葱丝、姜丝、干辣椒段待用。

③净锅上火，倒入油烧热，然后浇在鱼头上即可。

【制作关键】 鱼头要先腌制一会儿，不然成菜没有味道。

【贴心小提示】 鱼头营养较为丰富，所以孩子应经常食用。适合16岁以上少年食用。

清蒸鱼

【用料】 鲜鱼1尾，精盐8克，味精4克，白糖2克，蚝油5克，酱油3克，醋2克，葱段6克，姜片4克。

【制作】

①鲜鱼宰杀干净，在两侧划上两刀备用。

②鲜鱼调入精盐、味精、白糖、蚝油、酱油、醋腌一会儿待用。

③将鲜鱼装在盘内，撒入葱段、姜片，入蒸锅内蒸熟即可。

【制作关键】 鲜鱼一定要杀洗干净，腌制后更美味。

【贴心小提示】 鲜鱼的花刀要深些，不但缩短成菜时间，口味也会更好。适合14岁以上少年食用。

清汤鱼

【用料】 鲫鱼1尾，精盐10克。

【制作】

①鲫鱼宰杀干净，斩块备用。

②将鱼块用少许精盐，搓一下待用。

②汤锅上火倒入水，调入精盐，下入鱼块烧开，撇去浮沫，慢火炖熟即可。

【制作关键】 鲫鱼块不要太小，汤色要炖至白色。

【贴心小提示】 鱼块经过盐搓后再炖鲜味更足。适合12岁以上少年食用。

油泼鲤鱼

【用料】 鲤鱼1条，大葱、生姜各10克，干辣椒4个，花生油20克，花椒6粒，鲜味酱油12克，精盐5克，味精3克。

【制作】

①将鲤鱼宰杀干净，切成花刀。大葱、生姜、干辣椒洗净，切成丝备用。

②将鲤鱼用精盐、味精、花椒粒腌制25分钟，放在盘内蒸熟待用。

③大葱、生姜、干辣椒撒在鲤鱼上，浇上鲜味酱油，锅上火，倒入花生油烧热，泼在鲤鱼上即可。

【制作关键】 鲤鱼要先腌制入底味，这样才会更美味。

【贴心小提示】 鲤鱼上面有一根白线，必须抽出，先在腮下和尾部切一刀，然后用刀拍一下鱼身即可看到。适合15岁以上少年食用。

菊花鲤鱼

【用料】 鲤鱼肉200克，大蒜10瓣，花生油300克（实耗不多），蚝油8克，淀粉25克，白糖6克，醋3克，香菜5克。

【制作】

①将鲤鱼肉洗净，切上菊花刀。大蒜去皮，洗净备用。

②锅上火，倒入花生油烧热，将鲤鱼拍入淀粉，放在锅内炸熟，捞起控油待用。

③锅内留油烧热，下入大蒜爆香，调入蚝油，倒入适量水，调入白糖、醋烧开，下入鲤鱼肉烧至入味，撒入香菜，盛出即可。

【制作关键】 鲤鱼花刀要切得深些，不然成菜不够美观。

【贴心小提示】 炸鲤鱼时油温不要过高防止炸煳，否则口味不好。适合14岁以上少年食用。

鲤鱼丸子汤

【用料】 鲤鱼肉350克,鸡蛋1个,葱、姜各10克,淀粉75克,精盐12克,鸡粉2克,香油5克,料酒3克,花椒水2克。

【制作】

①将鲤鱼肉洗净,去皮、刺,剁成泥。葱、姜洗净,切碎备用。

②鱼肉内打入鸡蛋,调入葱、姜、精盐、鸡粉、料酒、花椒水、淀粉搅至上劲待用。

③锅内倒入水烧开,将鱼肉挤成丸子氽熟,滴入香油,盛出即可。

【制作关键】 鱼肉要充分搅至上劲,否则很难成形。

【贴心小提示】 氽鱼丸子时水不要得过大,似开非开为最佳。适合13岁以上少年食用。

酸辣鲤鱼汤

【用料】 鱼肉175克,酸菜1包,大蒜10瓣,花生油12克,辣椒酱10克,精盐4克,鸡精3克。

【制作】

①将鱼肉洗净,切成块备用。

②酸菜洗净,切碎。大蒜去皮,洗净,切成片待用。

③净锅上火,倒入花生油烧热,大蒜、酸菜炝香,调入辣椒酱稍炒,倒入适量水,调入精盐、鸡精,放入鱼肉炖熟,盛出即可。

【制作关键】 酸菜要先炒香,慢火炖熟即可。

【贴心小提示】 炖时可以放入点豆腐,成菜会更美味。适合15岁以上少年食用。

鲶鱼饼子

【用料】 鲶鱼肉300克，玉米饼子10个，香菜1棵，大蒜20克，花生油15克，精盐10克，辣椒酱12克，鸡粉3克，白糖5克，香油4克。

【制作】
①将鲶鱼肉洗净，切成片，用开水氽烫，洗净。香菜择洗净，切成末。大蒜去皮，洗净备用。
②锅上火，倒入花生油烧热，放入玉米饼子炸熟，捞起控油待用。
③锅内留油烧热，大蒜、辣椒酱爆香，下入鲶鱼肉翻炒，倒入水，调入精盐、鸡粉、白糖烧熟，撒入香菜，滴入香油，盛出带玉米饼子一起食用即可。

【制作关键】 炸饼子时油温不要太高，防止炸煳。

【贴心小提示】 鲶鱼氽水要彻底没有血色，而且要选新鲜的烹制食用。适合14岁以上少年食用。

家常烧鲶鱼

【用料】 鲶鱼1条，青辣椒1个，葱、姜各10克，花生油15克，精盐4克，酱油8克，白糖3克。

【制作】
①将鲶鱼杀洗净。青辣椒洗净，去蒂、子，切成块备用。
②锅上火倒入水烧开，放入鲶鱼氽水，捞起洗净控水待用。
③净锅上火，倒入花生油烧热，葱、姜爆香，调入酱油，下入鲶鱼翻炒，倒入适量水，调入精盐、白糖烧熟，撒入青辣椒，盛出即可。

【制作关键】 鲶鱼要用小火慢慢烧熟入味。

【贴心小提示】 如果孩子喜欢吃辣，可以用干辣椒爆一下，口味更佳独特。适合12岁以上少年食用。

铁板鲶鱼

【用料】 鲶鱼肉350克，洋葱1个，花生油20克，辣椒面15克，精盐10克，味精5克，花椒3克。

【制作】
①将鲶鱼肉洗净，切成片。洋葱洗净，切成丝备用。
②锅内倒入水，下入鲶鱼肉氽烫至没有血色，捞起洗净控水待用。
③净锅上火，倒入花生油烧热，花椒炝香，下入鲶鱼翻炒，倒入少许水烧熟，加入精盐、味精，撒入辣椒面，然后铁板上火，倒入油烧热，撒入洋葱丝，将鲶鱼盖在上面即可。

【制作关键】 鲶鱼要先炒一下，这样成菜没有异味。

【贴心小提示】 爆锅时可以放入少许孜然粒会更好吃。适合14岁以上少年食用。

煎带鱼

【用料】 带鱼1条，葱、姜各10克，花生油20克，精盐8克，料酒6克，面粉25克。

【制作】

①将带鱼杀洗净，切成段备用。

②带鱼用葱、姜、精盐、料酒腌制30分钟，拣去葱、姜控水待用。

③净锅上火，倒入花生油烧热，带鱼蘸匀面粉，下入锅内煎熟，盛出即可。

【制作关键】 带鱼腥味较重，所以要先腌制去腥。

【贴心小提示】 带鱼脊刺要用剪刀去除，更要用小火慢慢煎熟。适合16岁以上少年食用。

带鱼炖豆腐

【用料】 带鱼350克，豆腐100克，大蒜8瓣，花生油10克，精盐7克，鸡粉4克，香菜3克，香油5克。

【制作】

①将带鱼杀洗干净，剁成段备用。

②豆腐洗净，切成条。大蒜去皮，洗净待用。

③净锅上火，倒入花生油烧热，大蒜爆香，下入带鱼烹炒一下，倒入水，调入精盐、鸡粉烧开2分钟，下入豆腐炖熟，撒入香菜，滴入香油，盛出即可。

【制作关键】 带鱼经过烹炒后，成菜鲜味更足。

【贴心小提示】 豆腐要炖至膨胀，才能更好地入味。适合14岁以上少年食用。

家常烧带鱼

【用料】 带鱼500克，大蒜10瓣，干辣椒4个，花生油8克，精盐3克，酱油5克，香油3克。

【制作】

①将带鱼杀洗干净，切成段。大蒜去皮，洗净。干辣椒洗净，切成节备用。

②锅上火倒入水烧开，下入带鱼氽水，捞起洗一下，控水待用。

③净锅上火，倒入花生油烧热，大蒜、干辣椒爆香，调入酱油，下入带鱼烹一下，倒入水，调入精盐小火烧熟，滴入香油，盛出即可。

【制作关键】 带鱼要用慢火烧至成熟，才会入味好。

【贴心小提示】 带鱼要选购肉质较厚的食用。适合14岁以上少年食用。

家常炒虾仁

【用料】 新鲜虾仁200克，青菜125克，花生油10克，精盐6克，鸡粉2克，葱、姜各4克。

【制作】
①将新鲜虾仁洗净。青菜洗净备用。
②锅内倒入水烧开，下入青菜焯烫，捞起控水待用。
③净锅上火，倒入花生油、葱、姜炝香，下入虾仁稍炒，调入精盐、鸡粉，下入青菜炒匀，盛出即可。

【制作关键】 青菜不要焯水过大，防止成菜色泽不好，影响食欲。

【贴心小提示】 虾仁不要炒得过大，防止肉质变老，而且更不美观。适合12岁以上少年食用。

黄瓜虾仁炒火腿

【用料】 虾仁175克，黄瓜1根，火腿35克，大蒜10克，花生油12克，精盐5克，香油3克。

【制作】
①将虾仁洗净。黄瓜洗净，切成丁。火腿切成丁备用。
②锅上火倒入水烧开，放入虾仁余烫一下，捞起控水待用。
③净锅上火，倒入花生油，大蒜炝香，下入火腿、黄瓜稍炒，调入精盐，下入虾仁炒匀，滴入香油，盛出即可。

【制作关键】 虾仁要用大火快炒才会更加美味。

【贴心小提示】 黄瓜不要选过老的食用，其清香味不好。适合13岁以上少年食用。

虾仁三鲜汤

【用料】 虾仁150克，鸡蛋1个，葱白10克，花生油8克。

【制作】

①将虾仁洗净。葱白洗净，切成片备用。

②鸡蛋打入碗内搅匀待用。

③净锅上火，倒入花生油烧热，葱白炝香，下入虾仁稍炒，倒入水，调入精盐，打入鸡蛋至熟，盛出即可。

【制作关键】 虾仁在锅内时间不要过久，待鸡蛋成熟即可。

【贴心小提示】 做汤时可以放入木耳和其他海鲜等，味道更加鲜美。适合12岁以上少年食用。

白 灼 鲜 虾

【用料】 鲜虾500克，葱、姜各4克，花椒粒3克，精盐12克。

【制作】

①将鲜虾洗净。葱、姜洗净，拍松备用。

②将鲜虾用花椒粒和少许精盐腌制15分钟待用。

③锅内倒入水烧开，调入精盐、葱、姜烧开，下入鲜虾煮熟，捞起盛出即可。

【制作关键】 鲜虾先腌制后，成菜鲜味更加充足。

【贴心小提示】 鲜虾不要选太大的，小一点儿的更好吃。适合13岁以上少年食用。

豉汁焖烧鲜虾

【用料】 鲜虾350克，香菜1棵，花生油10克，精盐8克，豉汁15克。

【制作】

①将鲜虾洗净，剪去虾须备用。

②香菜择洗净，切成段待用。

③净锅上火，倒入花生油烧热，下入鲜虾烹炒，调入精盐、豉汁焖烧至熟，撒入香菜，盛出即可。

【制作关键】 鲜虾要烹炒至变色，然后再小火焖烧即可。

【贴心小提示】 烹制时可以放入其他辅料来吸收鲜味。适合12岁以上少年食用。

开边爆炒虾

【用料】 大虾500克，芹菜1棵，葱、姜各2克，花生油12克，精盐10克。

【制作】
①将大虾洗净，在背部切开备用。
②芹菜择洗净，切成小段待用。
③净锅上火，倒入花生油烧热，葱、姜爆香，下入大虾炒至变色，调入精盐，下入芹菜爆炒至熟，盛出即可。

【制作关键】 芹菜不要下入的过早，待大虾快熟时下入即可。

【贴心小提示】 大虾要选外皮坚硬的烹制。适合13岁以上少年食用。

蛤蜊肉菜心炒鸡蛋

【用料】 蛤蜊400克，菜心125克，鸡蛋1个，花生油8克，精盐7克，香油4克，葱花6克。

【制作】
①将蛤蜊洗净。菜心洗净，切成丝。鸡蛋打入碗内搅匀备用。
②锅上火倒入水，下入蛤蜊煮熟，捞起取肉待用。
③净锅上火，倒入花生油烧热，葱花炝香，倒入鸡蛋炒至成块，下入菜心翻炒，调入精盐续炒一会儿，下入蛤蜊肉炒匀，滴入香油，盛出即可。

【制作关键】 蛤蜊肉煮熟即可，不要过火，不然肉质会变得很老。

【贴心小提示】 烹制时如果怕鸡蛋炒老，可以先炒好。适合12岁以上少年食用。

芹菜爆炒蛤蜊肉

【用料】 蛤蜊肉200克，芹菜2棵，老姜6克，花生油10克，精盐5克，花椒油3克。

【制作】
①将蛤蜊肉洗净。芹菜择洗净，切成段。老姜洗净，切成丝备用。
②锅上火倒入水烧开，下入蛤蜊肉氽水，捞起控水待用。
③净锅上火，倒入花生油烧热，老姜炝香，下入芹菜稍炒，调入精盐，下入蛤蜊肉爆炒至熟，调入花椒油炒匀，盛出即可。

【制作关键】 蛤蜊肉氽水不要过火，稍微烫一下即可。

【贴心小提示】 芹菜要大火爆炒，成菜口味才会更好。适合13岁以上少年食用。

蛤蜊肉煎蛋饼

【用料】 蛤蜊肉175克，鸡蛋3个，大葱半棵，花生油15克，精盐6克。

【制作】

①将蛤蜊肉洗净泥沙。大葱去皮，洗净，切碎备用。

②将鸡蛋打入碗内，调入精盐，放入蛤蜊肉、大葱搅匀待用。

③净锅上火，倒入花生油烧热，倒入调好的鸡蛋煎成饼至熟，盛出即可。

【制作关键】 鸡蛋饼不要煎得火候过大，防止蛤蜊肉变老。

【贴心小提示】 炒锅可以用温油滑一下，这样就能防止粘锅。适合12岁以上少年食用。

三色鱿鱼爪

【用料】 鱿鱼爪300克，西红柿1个，青辣椒1个，花生油10克，精盐8克，白糖3克，葱花5克，香油2克。

【制作】

①将鱿鱼杀洗干净，再切成条。西红柿洗净，去蒂，切成小块。青辣椒洗净，去蒂、子，切成块备用。

②锅上火倒入水烧开，下入鱿鱼氽水至熟，捞起控水待用。

③净锅上火，倒入花生油烧热，葱花炝香，下入西红柿煸炒，调入精盐、白糖，下入青辣椒炒至成熟，再下入鱿鱼爪，滴入香油炒匀，盛出即可。

【制作关键】 鱿鱼爪氽水不要过火，萎缩卷起即可。

【贴心小提示】 西红柿炒时要用白糖来提一下味，否则太酸。适合13岁以上少年食用。

凉拌鱿鱼

【用料】 鱿鱼爪200克，香菜1棵，大葱半棵，蚝油6克，香油4克。

【制作】

①将鱿鱼肉洗净，切成条。香菜择洗净，切成段。大葱去皮，洗净，切成丝备用。

②锅上火倒入水烧开，下入鱿鱼爪氽熟，捞起投凉控水待用。

③将鱿鱼爪、香菜、大葱用蚝油、香油拌匀，盛入盘内即可。

【制作关键】 鱿鱼爪要等水开后，再下入氽熟即可，不宜过火。

【贴心小提示】 拌制时可以根据个人口味添加调味料。适合12岁以上少年食用。

浇汁鱿鱼

【用料】 鱿鱼头400克，大蒜5瓣，生抽7克，老醋4克，香油6克。

【制作】

①将鱿鱼宰杀干净，切成爪部相连。大蒜去皮，洗净，捣成泥取汁备用。

②锅上火倒入水烧开，下入鱿鱼头汆熟，捞起投凉，控水盛在盘内待用。

③将蒜泥汁用生抽、老醋、香油调匀，浇在鱿鱼上即可。

【制作关键】 大蒜泥要先调制均匀，成菜才会更好。

【贴心小提示】 调汁时可以放入少许辣椒油活或者花生酱，更具风味。适合14岁以上少年食用。

沿海小炒

【用料】 蛤蜊肉、鱿鱼各100克，大葱1棵，黑木耳15克，花生油10克，精盐7克，胡椒粉4克，醋2克，香油5克。

【制作】

①将蛤蜊肉洗净。鱿鱼宰杀干净，切成片。大葱去皮，洗净，切成片。黑木耳用水泡透，洗净，撕成小块备用。

②锅上火倒入水烧开，将蛤蜊肉、鱿鱼分别汆水，捞起控水待用。

③净锅上火，倒入花生油烧热，大葱爆香，调入精盐、胡椒粉，下入黑木耳稍炒，再下入蛤蜊肉、鱿鱼炒熟，滴入醋、香油，盛出即可。

【制作关键】 蛤蜊肉和鱿鱼要分开汆烫，防止肉质变老。

【贴心小提示】 鱿鱼片不要过小，要用大火爆炒至熟。适合14岁以上少年食用。

青瓜海鲜酿

【用料】 海米100克，黄瓜1根，香菜2棵，木耳3朵，花生油8克，精盐6克。

【制作】

①将海米用温水泡透，洗净杂质。黄瓜洗净，切成节，挖去瓤。香菜择洗净，切成末。木耳泡透，洗净，切碎备用。

②海米、香菜、木耳用花生油、精盐拌匀待用。

③将挖好的黄瓜节内塞入调好的海米等，放在锅内蒸熟即可。

【制作关键】 海米泡透即可不要太过，不然鲜味会变得很淡。

【贴心小提示】 调制海鲜料时可以放入猪五花肉泥，成菜更加美味。适合12岁以上少年食用。

BAOBAO YINGYANG SHIPU

责任编辑　包 延 风
封面设计　欧阳广君

营养搭配 营养均衡 循序渐进 合理膳食

ISBN 978-7-5082-7552-9

定价：19.00 元

ISBN 978-7-5082-7552-9

9 787508 275529